ATIVAÇÃO COMPORTAMENTAL NA DEPRESSÃO

ATIVAÇÃO COMPORTAMENTAL NA DEPRESSÃO

Paulo R. Abreu
Juliana H. S. S. Abreu

MANOLE

Editora gestora: Sônia Midori Fujiyoshi
Editora: Juliana Waku
Capa: Ricardo Yoshiaki Nitta Rodrigues
Imagem da capa: Freepik
Projeto gráfico: Departamento Editorial da Editora Manole
Editoração eletrônica: Muiraquitã Editoração Gráfica

CIP-BRASIL. CATALOGAÇÃO NA PUBLICAÇÃO
SINDICATO NACIONAL DOS EDITORES DE LIVROS, RJ

A145a

Abreu, Paulo Roberto
Ativação comportamental na depressão / Paulo Roberto Abreu, Juliana Helena dos Santos Silvério Abreu. - 1. ed. - Barueri [SP] : Manole, 2020.
23 cm.

Apêndice
Inclui bibliografia e índice
ISBN 9788520461952

1. Depressão mental. 2. Depressão mental - Tratamento. 3. Terapia do comportamento. I. Abreu, Juliana Helena dos Santos Silvério. II. Título.

20-63279 CDD: 616.85227
CDU: 616.89-008.44

Leandra Felix da Cruz Candido - Bibliotecária - CRB-7/6135

1ª edição – 2020; reimpressão da 1ª edição – 2022

Editora Manole Ltda.
Alameda América, 876
Tamboré – Santana de Parnaíba – SP – Brasil
CEP: 06543-315
Fone: (11) 4196-6000
www.manole.com.br | https://atendimento.manole.com.br/

Impresso no Brasil | *Printed in Brazil*

Autores

PAULO ROBERTO ABREU

Behavioral Activation Trainner. Coordenador do Instituto de Análise do Comportamento de Curitiba (IACC). Doutor em Psicologia Experimental pela Universidade de São Paulo (USP). Editor-chefe da Revista Brasileira de Terapia Comportamental e Cognitiva. Autor de inúmeros capítulos, artigos nacionais e internacionais sobre depressão, terapias comportamentais contextuais e análise do comportamento.

JULIANA HELENA DOS SANTOS SILVÉRIO ABREU

Behavioral Activation Trainner. Coordenadora do Instituto de Análise do Comportamento de Curitiba (IACC). Doutora em Psicologia Experimental pela Universidade de São Paulo (USP). Autora de inúmeros capítulos e artigos nacionais sobre depressão, terapias comportamentais contextuais e análise do comportamento.

Sumário

Dedicatória

"Parabéns filhote."
T. B. Abreu

Prefácio Dr. Marcelo Panza

Este é um livro fundamental para todo psicoterapeuta interessado em sustentar sua prática clínica na ciência básica, com a finalidade de ajudar seus pacientes a enfrentar os transtornos depressivos e a recuperar-se deles. Em poucos transtornos pode-se ter resultados clínicos tão díspares como nos transtornos depressivos, indo desde a morte do paciente por suicídio até a remissão de seus sintomas. Por isso, contar com um tratamento baseado em evidências e baseado em processos é essencial para o alcance dos melhores resultados e a prevenção daqueles mais adversos.

Os transtornos depressivos são desafiadores. Embora tenham uma herdabilidade relativamente baixa, em torno de 35%, tendem a uma alostase, que infelizmente em muitos casos gera incapacidade e em alguns a morte por suicídio. Isso se deve ao fato de que todos seus sintomas podem ser fatores mediadores desses desfechos. A abulia, a anedonia, a astenia, a tristeza generalizada, os déficits de atenção, de pensamento e de tomada de decisões, a insônia ou a hipersonia, a hipofagia, a ideação suicida, as avaliações de inutilidade ou culpabilidade, todos esses fenômenos geram comportamentos de evitação, de renúncia, de isolamento, de inatividade, que aumentam os sintomas. Cada sintoma isolado pode gerar comportamentos que impactam negativamente (isto é, aumentam) os demais sintomas.

Como em qualquer dos 541 transtornos mentais reconhecidos pela American Psychiatric Association (APA) em 2013, nos transtornos depressivos não é possível assegurar sua etiologia. Conhecemos fatores, hipóteses etiológicas, aspectos funcionais, variáveis comportamentais, neurológicas, endocrinológicas, imunológicas e neuroanatômicas, assim como genéticas. Se integramos atualmente tudo o que conhecemos de, por exemplo, o transtorno depressivo maior, podemos dizer que por fora podemos observar, dependendo do caso e não de maneira excludente, a perda de reforçadores, ausência de habilidades para obtê-los, punição, extinção operante, apresentação não contingente de estímulos aversivos, todos esses fatores que podem ser observados no organismo humano com comportamentos de evitação passiva, principalmente isolamento e inatividade. Por dentro, podemos observar depleção nas monoaminas (serotonina, dopamina e noradrenalina), aumento do cortisol, aumento de algumas interleucinas (IL-6, IL-10, IL12, TNF-α), e anomalias neuroanatômicas, como se o organismo se preparasse para resistir a essa perda de reforços, saciedade ou bombardeio de estímulos aversivos, ou, de um ponto de vista menos teleonômico, como se o corpo acusasse todo esse impacto sofrido. O que sabemos não é pouco e nos permite abordar o transtorno e ajudar os pacientes a reduzir e, dentro do possível, alcançar a remissão de seus sintomas.

Nesse sentido, contamos com tratamentos psicológicos bem estabelecidos, dentro dos quais, por seus resultados e por sua sustentação na pesquisa básica, destaca-se a Ativação Comportamental. O leitor poderia então se perguntar qual a utilidade, portanto, de outro manual de tratamento comportamental dos transtornos depressivos. Existem manuais excelentes e, a esse respeito, não parece haver nada novo. Vou expor a seguir precisamente as razões pelas quais considero a BA-IACC valiosa e insubstituível:

1. Considero de extremo valor o tratamento que é dado, neste livro, ao controle aversivo. Qualquer terapeuta com formação comportamental e alguma experiência sabe que a punição e a extinção operante desempenham um papel central na maioria dos casos de transtornos depressivos. Trata-se de dois fenômenos que estão amplamente reportados como depressores, ao gerar evitação passiva. A evitação passiva é muitas vezes o núcleo da problemática do paciente, e abordá-la fazendo que o próprio tratamento, as sessões, o terapeuta, as tarefas para casa sejam todos estímulos discriminativos para enfrentá-la permite obter resultados muito bons. Conferir uma maior importância à análise e ao tratamento do controle aversivo que à ativação por si só é uma contribuição excelente deste livro, que tem amplo sustento na integração teórica, na investigação e na prática.
2. Outro aspecto extremamente interessante é o uso dos componentes da Psicoterapia Analítica Funcional (FAP) nas sessões. Na prática clínica, é habitual nos depararmos com o desafio de aproveitar a maior quantidade do tempo em sessão, ou com a problemática de que existe muita distância entre o que se fala dentro da sessão e o que se realiza fora, não sendo suficientes a psicoeducação e a prescrição. Integrar e utilizar as contribuições de FAP para gerar comportamentos que se deseja eliminar e não reforçar, para gerar comportamentos de enfrentamento e reforçá-los, para refletir com o paciente sobre o que ocorre na sessão e sua relação com o comportamento fora dela, e em como seria possível generalizar estes comportamentos evocados e reforçados de enfrentamento, é de grande utilidade para o terapeuta e o paciente.
3. É interessante também notar a atenção prestada a um fenômeno geralmente deixado de lado, por óbvias razões históricas e por fechamento

paradigmático, desde o behaviorismo: o desamparo aprendido, ou em termos mais behavioristas, a apresentação não contingente de estímulos aversivos. É fundamental para qualquer organismo vivo ter controle sobre os estímulos aversivos e, muitas vezes e com respeito a muitos estímulos aversivos, impossível. Até se poderia dizer que grandes construções culturais, como as religiões ou certas posturas filosóficas como o determinismo, têm sua origem nessa desagradável experiência. O efeito que certos estímulos aversivos exercem ao apresentar-se de maneira não contingente costuma ser altamente depressivo, e modificar as respostas de fuga gerada pela imprevisibilidade da aversão, substituindo-as por outras de enfrentamento, é uma das maiores e mais significativas conquistas que se pode obter na terapia. Notar esse aspecto geralmente descuidado em outros protocolos de Ativação Comportamental é mérito deste livro.

4. Com respeito à Ativação Comportamental, é muito interessante também a utilização de reforçadores específicos do paciente, em vez de atividades mais gerais, e para isso, a determinação e utilização dos valores dos pacientes é fundamental. A experiência fenomenológica dos transtornos depressivos costuma estar minada de estímulos aversivos. Tudo o que o paciente faz está saturado desses estímulos, e estes costumam ser estímulos discriminativos para comportamentos de evitação, deixando o paciente isolado e inativo. Na prática da Ativação Comportamental, o terapeuta enfrenta o desafio de conseguir que as atividades sejam realizadas e comecem a gerar os reforços que as sustentarão e afetarão positivamente o ânimo do paciente. Romper o círculo vicioso da anedonia e da abulia pode tornar-se um desafio muito grande: como conseguimos que uma pessoa realize comportamentos para os quais obtém punições positivas e negativas? Os valores têm uma função de augmenting, isto é, modificam o valor dos estímulos relacionados, tornando estímulos aversivos em aprazíveis, sendo portanto de imenso valor para enfrentar a anedonia e a abulia próprias do paciente, e conseguir que ele comece a estar mais ativo e menos isolado, para finalmente experimentar os resultados decorrentes disso em seu estado de ânimo.
5. Como comentado, um dos problemas com os transtornos depressivos é que os sintomas se retroalimentam positivamente. Isso é especialmente verdadeiro no caso da insônia. A desregulação neuroquímica, hormonal e imunológica que gera a privação de sono torna sobre-humana, em certas ocasiões, a tarefa de enfrentar também o restante da sintomatologia. É por isso extremamente útil que, a partir deste livro de tratamento, con-

sidere-se a insônia como uma problemática de relevância a ser enfrentada.

6. Por último, já faz muitos anos que os doutores Paulo e Juliana Abreu conjugam a pesquisa, formação e prática clínica, e dessa combinação só podem derivar os melhores resultados. É difícil que um pesquisador tenha experiência prática, ou que um teórico esteja aberto às novas evidências ou à integração de teorias, e ainda mais difícil que um terapeuta seja reprodutor e produtor de novo conhecimento. No caso dos autores deste livro, encontramos essa particularidade, e isso confere a esta obra um valor ainda maior.

Marcelo Panza Lombardo
PhD em Psicologia
17 de janeiro de 2020, Rosario, Argentina

Prefácio Dra. Olivia Gamarra

A Terapia de Ativação Comportamental (BA) não é nova. Tem suas origens na análise do comportamento aplicado à depressão, com formulações de Lewinsohn et al. (1976), onde foi aplicada pela primeira vez a "Agenda de Eventos Prazerosos" (Lewinsohn & Graf, 1973), em uma tentativa de trabalhar com a retomada do contato com reforçadores positivos após a perda que a pessoa com depressão experimenta, ou quando os reforçadores continuam presentes, mas a pessoa não tem habilidades suficientes para retomá-lo ou obter novos, ou diretamente quando ocorre a perda da efetividade desses reforçadores (a tríplice contingência). O objetivo era claro: baseados na análise do comportamento e na perda da efetividade do reforçador, apresentavam-se ao cliente uma lista de 320 opções de eventos prazerosos, dos quais tinha que selecionar 160, que poderiam ajudá-lo a entrar em contato com estímulos suficientes para que o estado de ânimo experimentasse uma elevação aos níveis prévios à depressão. Essa intervenção é o principal componente da terapia comportamental para a depressão, e com o tempo teve algumas modificações, como as sugeridas por Martell, Addis e Jacobson (2001) e Lejuez, Hopko e Hopko (2001). Na década de 1990 recebe o nome "Ativação Comportamental" (Behavioral Activation – BA), dado por Jacobson et al. (1996), e o efeito pôde ser comprovado por diferentes estudos, incluindo o clássico de Dimidjian et al. (2006), no qual se compara o efeito de componentes cognitivos na Terapia Cognitiva de Beck et al., (1979) com os efeitos comportamentais e psicofarmacológicos no tratamento da depressão, verificando-se um resultado superior com o componente comportamental.

Esse enfoque gerou vários desenvolvimentos, entre eles a Terapia Comportamental para a Depressão de Lewinsohn et al. (1976), a Ativação Comportamental de Martell et al. (2001) e a Ativação Comportamental Breve na Depressão de Lejuez et al. (2001).

É aqui que se apresenta a evolução desse modelo, demonstrada neste livro: o BA-IACC. Situadas no momento histórico de desenvolvimento de novos componentes terapêuticos de tradição behaviorista, as chamadas terapias de terceira geração ou contextuais, trazem formas distintas de trabalhar aspectos presentes na dinâmica de trabalho clínico com a pessoa com depressão. Os autores deste livro manejam com maestria outros aspectos que fazem parte do fenômeno e o integram de maneira coerente ao modelo e à tradição behaviorista, alcançando assim uma abordagem complexa em que o leitor poderá aumentar seu campo de conhecimento e domínio das estratégias que os diferentes enfoques contextuais nos oferecem.

O trabalho com a agenda de atividades (espinha dorsal do tratamento) é apresentado, mas a escolha das atividades se dá como fruto de um trabalho prévio de identificação dos valores do cliente, iniciando assim a primeira integração entre abordagens, aqui com a Terapia de Aceitação e Compromisso (ACT), proposta inicialmente por Hayes, Strosahl e Wilson (1999). Esses valores são fontes potentes de reforço positivo de médio e longo prazo. Outra associação de trabalho com essa abordagem é a que se realiza para intervir na evitação passiva experiencial, controladas por regras verbais aprendidas durante as experiências do cliente, entendidas de maneira literal e atuando em fusão com estas. Então é aqui que as intervenções ACT se mostram úteis e aplicáveis à conduta da pessoa com depressão.

Outra novidade com respeito à BA tradicional é o estudo e a intervenção do papel do controle aversivo na diminuição da taxa de respostas contingentes ao reforçamento positivo: a punição, a perda de efetividade do comportamento operante e a extinção operante, sendo estas na opinião dos autores focos mais importantes inclusive que aqueles orientados à retomada dos reforçadores positivos frágeis, e onde os comportamentos de evitação ativa e passiva são gerados e intensificados. Todas essas análises funcionais são realizadas com o cliente e trabalhadas com planilhas de repertórios de novos comportamentos de enfrentamento.

Quanto à segunda contingência, quando o cliente apresenta déficits nas habilidades de obter os efeitos de reforçadores positivos, os autores propõem o uso de estratégias da Psicoterapia Analítica Funcional (FAP) propostas por Kohlenberg e Tsai (1991) e Kanter et al. (2009), sendo a relação terapêutica o cenário ideal e o mais acessível ao terapeuta para observar e trabalhar as habilidades sociais do cliente.

Seguindo com as inovações do tratamento estão a análise e a intervenção em estímulos aversivos não contingentes, que ocorrem no desamparo aprendido (Maier e Seligman, 1976) com estratégias baseadas na análise do contexto e recursos disponíveis e déficits, tanto do cliente como do entorno.

A insônia, sintoma presente na maioria dos casos de transtornos depressivos, também é abordada nesse protocolo, aplicando-se estratégias baseadas em evidências, como técnicas de relaxamento, controle de estímulos, etc.

Cabe apontar que uma grande riqueza deste manual é a presença de vinhetas e casos clínicos, que oferecem ao leitor a oportunidade de trazer para a realidade do consultório e do cliente com depressão as formulações teóricas e as aplicações de estratégias e técnicas específicas. Dentro dessas aplicações práticas, o leitor latino-americano também poderá contextualizar situações e temáticas típicas da nossa realidade social e cultural.

Em resumo, o tratamento BA-IACC configura-se como um dos mais completos manuais de tratamento para os transtornos depressivos, considerando os aspectos psicopatológicos, a utilidade de sua classificação dentro do DSM-5, o uso de instrumentos de medição para a avaliação do progresso, e tudo o que a psicologia clínica e o modelo behaviorista com seus diferentes desenvolvimentos e consequentes estratégias de intervenção podem oferecer, tanto ao clínico que acaba de iniciar na profissão, como ao mais experiente, dando uma oportunidade de saber quando e em que momento do tratamento aplicar a estratégia mais adequada, riqueza indiscutível de todo trabalho protocolizado e baseado em evidências.

A vasta experiência dos autores, Paulo e Juliana Abreu, tanto em sua formação, em pesquisa, ensino, e principalmente, em suas práticas clínicas, resulta neste livro que é um presente a nós clínicos que trabalhamos diariamente procurando oferecer o melhor tratamento possível aos nossos clientes.

Olivia Gamarra
PhD en Psicologia
Universidad Católica Nuestra Señora de la Asunción, Paraguay

REFERÊNCIAS

Beck, A. T., Rush. A. J., Shaw, B. F., & Emory, G. (1979). *Cognitive therapy of depression*. New York: Guilford.

Dimidjian, S., Hollon, S. D., Dobson, K. S., Schmaling, K. B., Kohlenberg, R. J., Addis, M. E., ... Jacobson, N. S. (2006). Randomized trial of behavioral activation, cognitive therapy, and antidepressant medication in the acute treatment of adults with major depression. *Journal of Consulting and Clinical Psychology, 74*, 658-670. DOI: 10.1037/0022-006X.74.4.658.

Hayes, S. C., Strosahl, K. D., & Wilson, K. G. (1998). *Acceptance and commitment therapy: An experiential approach to behavior change*. New York: Guilford.

Jacobson, N. S., Dobson, K., Truax, P. A., Addis, M. E., Koerner, K., Gollan, J. K. et al. (1996). A component analysis of cognitive-behavioral treatment for depression. *Journal of Consulting and Clinical Psychology, 64*, 295-304. DOI: 10.1037/0022-006X.64.2.295.

Kanter, J., Busch, A. M., & Rusch, L. (2009). *Behavior activation: Distinctive features*. London: Routledge.

Kohlenberg, R. J., & Tsai, M. (1991). *Functional analytic psychotherapy: Creating intense and curative therapeutic relationships*. New York: Plenum Press.

Lejuez, C. W., Hopko, D. R., & Hopko, S. D., (2001). A brief behavioral activation treatment for depression: Treatment manual. *Behavior Modification 25*, 255-286. DOI: 10.1177/0145445501252005.

Lewinsohn, P. M., Biglan, A., & Zeiss, A. S. (1976). Behavioral treatment of depression. In P.O. Davidson (Ed.), *The Behavioral Management of Anxiety, Depression and Pain*, (pp. 91-146). New York: Brunner/Mazel.

Lewinsohn, P. M., & Graf, M. (1973). Pleasant activities and depression. *Journal of Consulting and Clinical Psychology, 41*, 261-268. DOI: 10.1037/h0035142.

Maier, S. F., & Seligman, M. E. P. (1976). Learned helplessness: Theory and evidence. *Journal of Experimental Psychology: General, 105*, 03-46. DOI: 10.1037/0096-3445.105.1.3.

Martell, C. R., Addis, M. E., & Jacobson, N. S. (2001). *Depression in context: Strategies for guided action*. New York: W. W. Norton.

Prefácio Dr. Francisco Lotufo Neto

Peter Lewinsohn foi um dos pioneiros na aplicação dos conhecimentos desenvolvidos por Ferster baseado em Skinner para compreensão e tratamento da depressão: a Terapia Comportamental da Depressão.

Seus trabalhos foram dos primeiros que mostraram evidências científicas sólidas de eficácia no tratamento de depressão, isto há quase cinquenta anos.

Este método ficou parcialmente esquecido, mas foi de alguma forma incorporado na Terapia Cognitiva desenvolvida por Beck e colaboradores. Esta escola de psicoterapia ganhou grande avanço no tratamento de diversos transtornos mentais graças à seriedade com que aplicou os estudos randomizados, controlados e cegos na demonstração de seus resultados.

Jacobson e colegas procuraram desconstruir os diversos componentes da Terapia Cognitiva para entender melhor o processo terapêutico. Encontraram que o proposto por Lewinsohn, era um elemento essencial para os bons resultados.

Nos últimos anos terapeutas e pesquisadores resgataram estes conhecimentos, os chamaram de Ativação do Comportamento e a associaram a chamada terceira onda da Terapia Comportamental. O resgate fez justiça e trouxe benefícios enormes aos pacientes com depressão. Associar à terceira onda é desrespeito a história, pois esta forma de tratamento antecede as outras em décadas.

O tratamento da depressão através da Ativação do Comportamento possui base teórica sólida firmada no Behaviorismo Radical, eficácia comprovada, pois ajuda pessoas com depressão a se sentir melhor, é de fácil aplicação por ser prática e compreensível pelos pacientes com uma doença que compromete suas capacidades de raciocínio, concentração e memória, e pode ser realizada individualmente ou em grupo. Lewinsohn tem treinado leigos na sua aplicação em um curso psicoeducacional com bons resultados.

Assim ela é um instrumento fundamental para uso nas clínicas especializadas, nos ambulatórios de Psiquiatria e principalmente na Atenção Primária, ampliando em muito o acesso ao tratamento efetivo para depressão.

Este livro em língua portuguesa que explica os elementos teóricos e que principalmente ensina o fazer é extremamente bem-vindo e permitirá ampliar o uso deste método de tratamento entre nós. Os autores têm formação sólida, trabalham há muitos anos na área, publicam e ensinam extensamente sobre o tema e com generosidade permitem o acesso a todos nós destes valiosos conhecimentos.

Francisco Lotufo Neto
PhD em Psiquiatria
Professor Associado do Instituto de Psicologia e da
Faculdade de Medicina da Universidade de São Paulo, Brasil

REFERÊNCIAS

Ferster, C. B. (1973). A functional analysis of depression. *American Psychologist*, 28, 857–870. DOI:10.1037/h0035605.

Jacobson, N. S., Dobson, K., Truax, P. A., Addis, M. E., Koerner, K., Gollan, J. K. et al. (1996). A component analysis of cognitive-behavioral treatment for depression. *Journal of Consulting and Clinical Psychology*, 64, 295-304. DOI: 10.1037/0022-006X.64.2.295.

Lewinsohn, P.M. (1975). The behavioral study and treatment of depression. In M. Hersen, R.M. Eisler, & P.M. Miller (Eds.), *Progress in Behavioral Modification* (pp. 19-65). New York: Academic.

Lewinsohn P.M., Breckenridge J.S., Antonuccio D.O., Teri L. (1985) A behavioral group therapy approach to the treatment of depression. In: Upper D., Ross S.M. (eds). *Handbook of Behavioral Group Therapy. Applied Clinical Psychology*. Springer, Boston, MA.

Lewinsohn PM et al. The coping with depression course – A psychoeducation intervention for unipolar depression em 21 de fevereiro de 2020. http://www.ori.org/files/Static%20Page%20Files/CWDC.pdf.

Apresentação

Os transtornos de humor são os problemas de saúde mental com as maiores taxas de incidência no Brasil. A prevalência é de 18,5% segundo os critérios do CID-10 (Pacheco & Vieira, 2016). Hoje a população brasileira é de 210 milhões de habitantes, segundo dados atualizados do IBGE divulgados em 2019 (Projeção da população do Brasil e das unidades da federação, n.d.). Isso implica afirmar que mais de 38 milhões de pessoas preenchem critérios diagnósticos para os transtornos de humor, dentre os quais os transtornos depressivos. Somado a isso é apresentado outro dado alarmante: de 2005 e 2015 a taxa mundial de suicídios aumentou aproximadamente 22%, com um valor estimado de 10,7 suicídios/100 mil habitantes (Dallalana et al., 2019). Os episódios depressivos associados a depressão unipolar e bipolar são responsáveis pela metade das mortes por suicídio (Dallalana et al., 2019). Estratos de depressão de moderada a severa, sobretudo, requerem cuidados especializados dadas a gravidade e a incapacitação, com esforços interdisciplinares de psicoterapeutas e psiquiatras clínicos. A depressão é hoje o transtorno mental mais prevalente nas clínicas particulares e no atendimento público.

Em meio a esse cenário histórico que sempre capturou a minha preocupação, conheci a ativação comportamental (BA, de *behavioral activation*), uma modalidade contextual e funcionalmente orientada de psicoterapia para a depressão. Meu primeiro contato ocorreu em 2005. Tive oportunidade então de aplicar e escrever sobre esse tratamento, tendo produzido dois artigos que, para este livro, configuraram-se como seminais.

O primeiro foi sobre a história tão vibrante dessa terapia, publicado no periódico *Archives of Clinical Psychiatry* (Abreu, 2006), do Instituto de Psiquiatria da Universidade de São Paulo. A história da BA remonta à primeira geração de terapias comportamentais e estende-se pela presente terceira geração, sob interesse renovado da comunidade científica. Falar sobre a história da BA é invariavelmente falar da trajetória da terapia comportamental como um todo. A BA é a engenhosa vovó das terapias comportamentais contextuais e goza de enorme prestígio por ser designada como uma das primeiras opções de tratamento psicossocial na depressão segundo instituições renomadas, como a Divisão 12 da American Psychological Association (Depression Treatment:

Behavioral activation for depression, n.d.), o National Institute for Health and Clinical Excellence (NICE, 2009), o Canadian Network for Mood and Anxiety Treatments (Parikh et al., 2016), bem como a própria Organização Mundial da Saúde (Depression, n.d.).

Em um outro artigo publicado por mim à época no *International Journal of Behavioral and Consultation Therapy* (Abreu & Santos, 2008), tentei formular algumas análises de contingências envolvidas na caracterização de alguns subtipos de depressões, classificadas desde uma perspectiva comportamental, como as determinadas pelas punições, pela incontrolabilidade com eventos aversivos, e também pela extinção operante. A racional que estava por trás de toda a minha argumentação consistiu em evidenciar como as contingências de controle aversivo poderiam diminuir a taxa de respostas contingentes ao reforçamento positivo (RCPR), processo comportamental conhecido por levar à depressão. Isso porque, mesmo do alto das publicações até aquele ano, ainda parecia existir entre os psicoterapeutas a ideia de que fazer BA simplesmente implicava conduzir um enriquecimento da agenda de atividades junto ao depressivo. Isso, definitivamente, não é BA. Ao menos seria muito difícil justificar os desfechos positivos de casos nos ensaios clínicos randomizados simplesmente a partir de uma proposta de intervenção baseada no aumento de atividades simples. Para minha surpresa, esse artigo continua sendo bastante referenciado pelos principais grupos de pesquisa no mundo, tendo já sido citado por autores como John Carvalho (Carvalho, 2011; Carvalho, & Hopko, 2011; Carvalho et al., 2011), Carl Lejuez (e.g., Carvalho et al., 2011), Derek Hopko (p. ex., Carvalho, & Hopko, 2011; Carvalho et al., 2011), Sona Dimidjan (p. ex., Dimidjian, Barrera Jr, Martell, Muñoz, & Lewinsohn, 2011)., Christopher Martell (p. ex., Dimidjian et al., 2011) e pelo próprio gênio criador da BA, Peter Lewinsohn (p. ex., Dimidjian et al., 2011). Esse artigo contém quase toda a fundamentação que deu origem a este livro.

O nosso interesse pela BA coincidiu com a criação do Instituto de Análise do Comportamento de Curitiba (IACC) em 2006. Demos naquela época o primeiro curso de Terapias Comportamentais Contextuais, quando se juntou a mim a Dra Juliana Abreu. Esse curso foi o *début* do instituto, e de certa forma, denunciou desde muito cedo o nosso insistente interesse, e dessa instituição, pela aplicação da BA e de demais terapias comportamentais contextuais.

De certa forma o público recebeu com certo entusiasmo a apresentação da BA. Naquele ano havia sido publicado um ensaio clínico randomizado controlado por placebo, mostrando efetividade e superioridade da BA no tratamento da depressão de moderada a severa, comparativamente à terapia cognitiva de A. Beck (Dimidjian et al., 2006). Até então havia dados somente de efetividade dos antidepressivos no tratamento de pacientes graves. Lembro que a divulgação desses dados em nossos cursos causou grande interesse entre os terapeutas comportamentais.

Seguimos com o trabalho, e em 2008 abrimos o primeiro curso de Formação de Terapia Comportamental de ênfase em terapias de terceira geração, com relevante foco na BA, na terapia de aceitação e compromisso (ACT) e na psicoterapia analítica funcional (FAP). Um pouco mais tarde adicionamos a terapia comportamental dialética (DBT) a esse arsenal de terapias, até então também desconhecida dos terapeutas brasileiros.

Era para nós um momento histórico vibrante, pois observávamos na nossa clínica e de nossos alunos resultados positivos na aplicação, em especial da BA. Casos em que a desesperança do cliente e o seu currículo de tentativas de suicídio eram desestimuladores, apontando prognóstico pobre, surpreendiam com desfechos positivos, às expensas de qualquer avaliação mais pessimista da equipe. De lá para cá fomos adaptando, criando, testando e avançando na análise de contingências descrita em nosso tratamento. A clínica-escola do IACC foi ambiente profícuo para a prática e aprimoramento da BA, sempre sob nosso escrutínio técnico.

A BA adaptada que aplicávamos, de certa forma, sempre foi integrada com outras terapias de terceira geração, como a FAP e a ACT. Isso porque, embora empregássemos as diretrizes da BA *standard* como intervenção base, adaptávamos sempre o emprego de concepções, avaliações e intervenções de outros sistemas de psicoterapia. Em depressão, via de regra, é grande a comorbidade com outros transtornos e problemas de comportamento. Nossos clientes não tinham somente comportamentos depressivos, mas também déficits e/ou excessos marcantes de habilidades de inter-relacionamento. Do mesmo modo, traziam também elevada frequência de esquiva experiencial. E isso sempre foi a regra, quase nunca um estado de exceção.

Empregávamos de forma integrada intervenções ACT-orientadas e FAP-orientadas ao longo do processo técnico-clínico, sempre quando a demanda do cliente justificava. Contribuições da DBT com a sua tecnologia no manejo das crises suicidas foram também adicionadas, embora, ao nosso ver, tenhamos nos esforçado para um avanço na concepção baseada em análise de contingências, em sintonia com o objetivo do aumento das RCPR.

Apresentamos um capítulo com a primeira versão da BA-IACC (Abreu & Abreu, 2015) no livro *Terapias comportamentais de terceira geração: Guia para profissionais.* Essa publicação foi uma versão preliminar do nosso tratamento, chamado por nós ainda de "Protocolo IACC", por fazer referência ao instituto de Curitiba.

Mas o protocolo merecia ainda expansão. A questão da insônia, por exemplo, sempre nos foi cara. Nossos clientes apresentavam, como regra, problemas graves de sono que com frequência interferiam com a melhora, ao passo que, também, quando residuais, serviam como gatilho para um novo episódio depressivo. Sensível a isso tudo, aprofundamos e acrescentamos um componente de tratamento da insônia ao protocolo original. A versão revisada foi então publicada na *Revista Brasileira de Terapia Comportamental e Cognitiva* em uma edição especial sobre terapias comportamentais contextuais (Abreu & Abreu, 2017).

No I Encontro Internacional de Terapias Comportamentais Contextuais e Psiquiatria realizado na cidade de Curitiba, falamos pela primeira vez publicamente sobre a BA-IACC aplicada à depressão em comorbidade com a insônia. Naquele ano também tentamos nos organizar para dar um treinamento intensivo em BA de 4 dias, que teve boa aceitação nacional, tendo rodado em muitas cidades brasileiras, como as capitais São Paulo e Curitiba. O treinamento demandou também duas edições internacionais a convite do *Sensorium*, afiliado ao *Albert Ellis Institute de Nova York*: uma na cidade de Hernandarias e outra em Ciudad del Este, ambas no Paraguai.

Tínhamos *feedbacks* valiosos de profissionais que, ao mesmo tempo em que discutiam a nossa contribuição, pediam que escrevêssemos versões descrevendo também nossos casos clínicos. E assim fizemos. O atual livro aqui apresentado fez justiça ao aprendizado passado por tantos clientes que nos confiaram suas melhoras e suas poucas esperanças. Sim, muita coisa havia ficado de fora nas versões breves publicadas nos anos de 2015 e 2017.

Faltava trazer, para além da fundamentação técnica, a história dessas relações terapêuticas que findaram em progresso clínico. Queríamos que outros terapeutas comportamentais pudessem se beneficiar da nossa experiência e de nossos alunos com a aplicação da BA.

Os doutores Tito Neto e Cristiane Gebara tiveram participação decisiva por dar suporte ao projeto e nos motivar junto à Editora Manole. Assim nasceu o manual BA-IACC para tratamento da depressão. O manual traz componentes valiosos e inegociáveis de outros manuais, mas apresenta robusta contribuição para a análise de contingências aversivas, integração com outras terapias comportamentais contextuais, caracterização e intervenção em crises suicidas, insônia, consultoria de equipe, além de trazer um novo e atualizado diálogo com a psicopatologia médica e a filosofia behaviorista.

Esperamos, pois, que esta proposta de terapia possa ser valiosa para os terapeutas, e esperança para os inúmeros pacientes.

Paulo Abreu
Juliana Abreu
Curitiba/PR

REFERÊNCIAS

Abreu, P. R. (2006). Terapia analítico-comportamental da depressão: Uma antiga ou uma nova ciência aplicada? *Archives of Clinical Psychiatry*, 33(6), 322-328. https://dx.doi.org/10.1590/S0101-60832006000600005

Abreu, P. R. & Abreu. J. H. S. S. (2015). Ativação comportamental. In: J. P. Gouveia, L. P. Santos, & M. S. Oliveira (Eds). *Terapias comportamentais de terceira geração: Guia para profissionais* (pp. 406-439). Novo Hamburgo: Editora Sinopsys.

Abreu, P. R., & Santos, C. (2008). Behavioral models of depression: A critique of the emphasis on positive reinforcement. *International Journal of Behavioral and Consultation Therapy*, 4, 130-145. DOI: 10.1037/h0100838.

Abreu, P., & Abreu, J. (2017). Ativação comportamental: Apresentando um protocolo integrador no tratamento da depressão. *Revista Brasileira de Terapia Comportamental e Cognitiva*, 19(3), 238-259. https://doi.org/10.31505/rbtcc.v19i3.1065

Carvalho, J. P. (2011). *Avoidance and depression: Evidence for reinforcement as a mediating factor*. PhD diss., University of Tennessee.

Carvalho, J. P., & Hopko, D. R. (2011). Behavioral theory of depression: Reinforcement as a mediating variable between avoidance and depression. *Journal of Behavior Therapy and Experimental Psychiatry*, 42(2), 154-162.

Carvalho, J. P., Gawrysiak, M. J., Hellmuth, J. C., McNulty, J. K., Magidson, J. F., Lejuez, C. W., & Hopko, D. R. (2011). The Reward Probability Index: Design and validation of a scale measuring access to environmental reward. *Behavior Therapy*, 42(2), 249-262.

Dallalana, C., Caribé, A. C., & Miranda-Scippa, A. (2016). Suicídio. In: Humes E. C., Vieira M. E. B., Fraguas Jr R., Hübner M. M. C., & Olmos R. D. (Eds.). *Psiquiatria interdisciplinar* (pp., 123-132). Barueri: Manole.

Depression (n.d.). In World Heath Organization website. Retrieved November 21, 2019, from https://www.who.int/news-room/fact-sheets/detail/depression

Depression Treatment: Behavioral activation for depression (n.d.). In Division 12 of the American Psychological Association website. Retrieved October 2, 2017, from http://www.div12.org/psychological-treatments/disorders/depression/behavioral-activation-for-depression/

Dimidjian, S., Barrera Jr, M., Martell, C., Muñoz, R. F., & Lewinsohn, P. M. (2011). The origins and current status of behavioral activation treatments for depression. *Annual Review of Clinical Psychology*, 7, 1-38.

Dimidjian, S., Hollon, S. D., Dobson, K. S., Schmaling, K. B., Kohlenberg, R. J., Addis, M. E., et al. (2006). Randomized trial of behavioral activation, cognitive therapy, and antidepressant medication in the acute treatment of adults with major depression. *Journal of Consulting and Clinical Psychology*, 74, 658-670. DOI: 10.1037/0022-006X.74.4.658.

National Institute for Health and Clinical Excellence (2009). *Depression: The treatment and management of depression in adults*. London: National Institute for Clinical Excellence.

Pacheco, J. L., & Vieira, M. E. B. (2016). Função, limites e dificuldades para o psiquiatra no trabalho junto a paciente com transtornos mentais em tratamento pelo médico não psiquiatra. In: Humes E. C., Vieira M. E. B., Fraguas Jr R., Hübner M. M. C., & Olmos R. D. (Eds.) (Eds.). *Psiquiatria interdisciplinar* (pp., 3-5). Barueri: Manole.

Parikh, S. V., Quilty, L. C., Ravitz, P., Rosenbluth, M., Pavlova, B., Grigoriadis, S., ... the CANMAT Depression Work Group. (2016). Canadian network for mood and anxiety treatments (CANMAT) 2016 clinical guidelines for the management of adults with major depressive disorder: Section 2. Psychological Treatments. *Canadian Journal of Psychiatry*, 61 (9), 524-539. http://doi.org/10.1177/0706743716659418

Projeção da população do Brasil e das unidades da federação (n.d.). In: Instituto Brasileiro de Geografia e Estatística website. Retrieved November 22, 2019, from https://www.ibge.gov.br/apps/populacao/projecao/index.html

Suicide prevention (n.d.). In: World Heath Organization website. Retrieved June 18, 2018, from http://www.who.int/mental_health/suicide-prevention/en/

Capítulo 1

Concepção comportamental da depressão

A proposta etiológica comportamental necessitou explicitar inicialmente em que contexto e como ocorreriam os sentimentos de disforia de uma pessoa em depressão. Nesse sentido, o esforço do terapeuta comportamental foi o de identificar as relações comportamentais que o cliente estaria estabelecendo com seu ambiente, sobretudo social, no contexto histórico e atual em que ocorreriam dados sentimentos. Os sentimentos nas suas relações com outros comportamentos e o ambiente são o foco de análise na proposta comportamental contextual de psicologia.

De uma forma mais técnica, o empreendimento científico comportamental na depressão necessitou identificar as contingências de reforçamento envolvidas na produção desses sentimentos. Contingências de reforçamento dizem respeito a um modelo teórico que descreve as relações de interdependência entre comportamento e seu ambiente, onde seriam identificados o evento antecedente (referido também como estímulo discriminativo ou S^D), a ocorrência do comportamento e a consequência por ele produzida. O comportamento envolvido em uma contingência de reforçamento foi chamado de comportamento operante (Skinner 1953/1968). Foi somente a partir da descoberta do reforçamento como consequência produzida pelo comportamento operante dos organismos que essas relações puderam ser descritas em uma formulação teórica. Esse modelo ficou também conhecido como análise funcional do comportamento ou como modelo ABC (do inglês *antecedent, behavior, consequence*), tendo sua origem na pesquisa de base em laboratório conduzida pelos analistas experimentais do comportamento (Skinner, 1953/1968).

A análise funcional da depressão foi formulada por alguns autores analistas do comportamento, entre eles e com grande destaque os doutores Charles Ferster e Peter Lewinsohn, nas décadas de 1960 e 1970, e mais recentemente Neil Jacobson, na década de 1990.

A DEPRESSÃO DECORRE DA MUDANÇA NA FREQUÊNCIA DE COMPORTAMENTOS REFORÇADOS POSITIVAMENTE E DE COMPORTAMENTOS REFORÇADOS NEGATIVAMENTE

Charles Ferster deu impulso à compreensão da depressão por ser um cientista que trouxe da pesquisa básica importantes contribuições (p. ex., Ferster &

Skinner, 1957). Ele foi um grande analista experimental do comportamento, tendo sido um dos destacados cientistas a fundar o *Journal of The Experimental Analysis of Behavior* (JEAB), principal periódico de pesquisa básica da área.

Na década de 1970 publicou um artigo seminal intitulado "Análise funcional da depressão", no qual apresentou com detalhes uma leitura comportamental dos comportamentos depressivos (Ferster, 1973). O autor ousou definitivamente transpor o modelo da análise funcional do comportamento para a explicação do fenômeno complexo da depressão. Sua contribuição é grandiosa, pois exemplificou como um princípio simples observado em laboratório – o reforçamento e seus efeitos sobre o comportamento – poderia explicar a depressão. Fester (1972) pontuou que:

> "A primeira tarefa de uma análise comportamental é definir o comportamento objetivamente, dando ênfase a classes funcionais (genéricas) de desempenhos que estejam de acordo com fatos que prevalecem na clínica, cujos componentes comportamentais possam ser observados, classificados e contados. Então é possível descobrir, pela aplicação dos princípios comportamentais, o tipo de circunstâncias que permitem aumentar ou diminuir a frequência de certos tipos de atuação. Finalmente, um relato objetivo do fenômeno da depressão pode oferecer-nos um esquema para a experimentação que nos permita medir de maneira válida fenômenos clínicos complexos. Um relato objetivo a respeito da relação funcional entre o comportamento de um paciente e suas consequências no ambiente físico e social permitirá identificar itens eficazes de um procedimento terapêutico que possam ser aplicados seletivamente e com maior frequência." (p.85)

Em sua leitura, o autor destacou dois efeitos marcantes do reforçamento observados a partir da análise funcional do repertório de um depressivo: a diminuição de um conjunto de comportamentos associado ao aumento da frequência de outro conjunto.

Durante um episódio depressivo ocorreria a diminuição da frequência de comportamentos reforçados positivamente. O reforçamento positivo consiste na produção de um estímulo contingente a uma dada resposta (Skinner, 1953/1968). E a diminuição da frequência dos reforçamentos positivos tem como implicação a correlata diminuição global das atividades em que o cliente estava envolvido antes do episódio depressivo atual. Essas atividades são compostas por comportamentos não depressivos, podendo envolver o trabalho e os estudos, as interações sociais e familiares, as atividades de cultura, lazer ou esporte. Então, durante a depressão, os reforçadores positivos não estariam mais sendo produzidos na mesma taxa usualmente produzida.

Para Ferster (1973) a definição do reforçamento positivo com base apenas no seu efeito operante (p. ex., fortalecimento de uma resposta) não destacou o efeito respondente emocional que também é produzido. Para a clínica comportamental, esse efeito é tão importante quanto o efeito operante, pois na depressão as pessoas enfermas apresentam sentimentos crônicos e pervasivos de disforia[1]. Em sua análise funcional do comportamento depressivo, de forma bastante engenhosa, o autor analisou as relações entre o comportamento operante e o comportamento emocional respondente.

É notável que os estímulos que reforçam positivamente um comportamento não depressivo exerçam também função eliciadora de emoções, por possuírem propriedades que eliciam respostas corporais, associadas aos relatos de sensações tidas como "agradáveis" ou "prazerosas". O fato é que o reforçamento positivo pode trazer como efeito, além de, sob certos contextos, o aumento da frequência dos comportamentos que foram seguidos pela produção dessa estimulação no passado (fortalecimento da resposta), a eliciação de comportamentos respondentes ditos "agradáveis", e que por isso exerceriam o efeito "antidepressivo" (Abreu & Santos, 2008).

Curiosamente, o efeito respondente do reforçamento positivo também foi descrito por Skinner (1989) quando este pontua que

> "Uma pessoa está bem consigo mesma quando sente um corpo reforçado positivamente. Os reforçadores positivos dão prazer (...) O que é sentido dessa maneira é, aparentemente, uma forte probabilidade de ação e liberdade de estímulos aversivos. Ficamos 'ávidos' para fazer coisas que tiveram consequências reforçadoras e 'nos sentimos melhor' no mundo em que não 'temos' que fazer coisas desagradáveis. Dizemos que estamos aproveitando a vida ou que a vida é boa." (p. 83)

Importante destacar nesse ponto que a afirmação do efeito respondente do reforçamento positivo não implica endossar a premissa de que todas as unidades de comportamento que o produzem poderiam ser exemplos genuínos de produção de "prazer". Nem todo reforçamento positivo eliciará respondentes, assim como, por exemplo, quando anotamos um lembrete em um caderno para nos assegurarmos de não esquecer algo. Por esse motivo, o efeito respondente não foi levado em conta na formulação do conceito de reforçamento

1 Sentimentos de disforia é uma classificação formulada para destacar o conjunto dos sentimentos que normalmente ocorre nos transtornos depressivos, como a tristeza e a irritação. O termo foi cunhado em contraposição aos sentimentos de euforia, ligados a mania e a hipomania nos transtornos bipolares (Sadock, Sadock, & Ruiz, 2015).

positivo. Mas o fato é que, na grande maioria das experiências humanas, quando alguém declara estar tendo prazer ou satisfação com alguma atividade, certamente estará se comportando sob o controle do reforçamento positivo.

Durante a depressão ocorre também concomitantemente um aumento da frequência de comportamentos como as ruminações, tristeza, esquivas de atividades, choro, ideações suicidas, falta de motivação, e culpa, comparativamente com as fases anteriores ao desenvolvimento do episódio atual. Esses comportamentos produzem reforçamento negativo – ou estão envolvidos em relações contingenciais com outros comportamentos reforçados negativamente – e por isso aumentam de frequência. O reforçamento negativo consiste na produção da remoção de um estímulo contingente a uma resposta (Skinner, 1953/1968).

Assim por exemplo, na presença de uma briga com o chefe de trabalho, um depressivo poderia encobertamente vivenciar sentimentos de tristeza, observar pensamentos rígidos de autocrítica, e deixar seu trabalho mais cedo do que o usual, tendo essa cadeia comportamental reforçada negativamente pela consequência da remoção da estimulação aversiva associada ao chefe.

Esse efeito leva o cliente a aprender um repertório requintado de comportamentos de fuga e esquiva do contato direto e indireto com o chefe, como chegar atrasado, faltar ao trabalho, passar a maior parte do tempo ruminando no ambiente laboral, evitar a presença de alguns colegas de trabalho, somente para citar alguns. Esses comportamentos frequentemente estão listados como comportamentos que compõem os critérios trazidos em manuais diagnósticos. Comumente o reforçamento negativo produz "alívio", e raramente qualquer sentimento ligado a satisfação ou prazer.

Ferster (1973) pontuou que normalmente o repertório da pessoa depressiva é por esse motivo passivo, no sentido em que está orientado a evitar as situações aversivas. Cunhou o termo esquiva "passiva" para denominar um comportamento reforçado negativamente que não altera de maneira consistente o ambiente social aversivo. Um exemplo desse tipo de comportamento são as frequentes queixas do depressivo. Nesse sentido, seria uma atitude passiva o comportamento de um cliente que apenas se queixa para os amigos de seus problemas. Como exemplo, considere um cliente que repetidamente critica a esposa para os amigos, acusando-a de insensível, injusta, ou egoísta, mas que nunca teve qualquer atuação no sentido modificar esses comportamentos da parceira. Provavelmente o embate conjugal foi evitado por receio de uma retaliação, como a ameaça de separação.

A queixa e os pedidos de ajuda são esquivas passivas bastante prevalentes no repertório depressivo. Segundo Ferster (1973) a queixa ocorre quando desempenhos semelhantes produziram reforçamento no passado, existe estimulação aversiva presente (p. ex., não reforçamento por parte da esposa) e ainda há ausência de habilidades mais efetivas que promoveriam a mudança. Assim aconteceria com os depressivos.

A origem da aprendizagem da queixa se deu em um histórico de condutas semelhantes que o cliente teve no passado, e que tiveram consequências relevantes. Uma pessoa que solicita a outra que feche as portas de casa ao sair pode ter tido esse desempenho reforçado por seus familiares que atenderam ao pedido. Nesse sentido, seria uma pequena queixa reforçada negativamente pelo comportamento do outro. O conjunto dessas pequenas aprendizagens explicaria a modelagem da queixa genérica diante de diferentes situações aversivas. Contudo se essa mesma pessoa, agora em depressão, queixa-se da esposa para os amigos, esse comportamento dificilmente produzirá qualquer mudança que aponte para uma solução mais efetiva do problema.

Talvez um comportamento ativo alternativo seria o cliente descrever educadamente os abusos diretamente para a parceira, solicitando as mudanças de comportamento cabíveis. Essa seria uma esquiva "ativa", igualmente reforçada negativamente, mas que alteraria em médio e longo prazo os comportamentos críticos da esposa. Isso ocorreria caso a parceira se visse mobilizada a mudar, tentando fazer diferente. Nesse sentido o adjetivo "ativo" foi usado para indicar uma conduta de mudança relevante. O repertório ativo consistiria, portanto, de desempenhos que removem, alteram ou escapam da situação aversiva (Ferster, 1973).

Contextos aversivos levam à aprendizagem de comportamentos de fuga e esquiva passiva como estratégia de preservação do organismo. Ferster (1973) em sua análise apontou que é bastante difícil esclarecer se um depressivo se queixa com frequência de algo em decorrência da ausência de comportamento reforçado positivamente, ou se as contingências de controle aversivo concorreriam com a ocorrência de comportamentos positivamente reforçados.

Sua análise foi concluída afirmando que o tratamento da depressão deveria envolver prioritariamente a alteração das condições aversivas que impedem a ocorrência do comportamento positivamente reforçado.

PROCESSOS ENVOLVIDOS NA DIMINUIÇÃO DA TAXA DE RESPOSTAS CONTINGENTES AO REFORÇAMENTO POSITIVO (RCPR)

Embora as contribuições de Ferster tenham sido seminais para a área, relega-se a Peter Lewinsohn a criação da BA na década de 1960. Naquela época o tratamento ainda era conhecido pelo termo genérico "terapia comportamental para depressão". Lewinsohn promoveu avanços na concepção da depressão.

Ferster nunca foi um psicoterapeuta, mas Lewinsohn, diferentemente, desenvolveu extensa parte da BA a partir da sua prática clínica e de seus orientandos na Universidade do Oregon (Dimidjian et al., 2011). A nosso ver, o autor foi definitivamente o maior nome da área.

Lewinsohn, Biglan e Zeiss (1976) cunharam o termo taxa de respostas contingentes ao reforçamento positivo (RCPR; do inglês, *response-contingent positive reinforcement*) para enfatizar não exatamente o reforçamento positivo em si, mas sim os repertórios não depressivos que produzem e mantêm determinados reforçadores. Nesse conceito o comportamento em contexto fica evidenciado. Contudo, essa concepção de depressão requererá ainda uma observação sobre o efeito do reforçamento positivo.

O motivo do contato com reforçadores positivos não é porque resulte em repetidas experiências de prazer. Primeiramente porque não seria possível o contato regular e a todo momento com reforçadores positivos, e, segundo, ainda que isso fosse possível, um mundo hedonista não seria necessariamente um mundo livre da depressão (Kanter, Bush & Rush, 2009). Assim, para um cliente alcoolista, por exemplo, não seria produtivo incentivar o consumo de bebidas, ainda que o álcool possa ser um estímulo reforçador positivo sob algumas circunstâncias. Da mesma forma, as atividades associadas ao consumo de álcool seriam discutidas na terapia, como as idas aos bares e a companhia das amizades relacionadas ao álcool.

Dizer que a produção de reforçamento positivo é importante refere-se antes ao desenvolvimento de repertórios saudáveis que possam trazer melhores mudanças em médio e longo prazo para a vida do cliente. Para esse mesmo cliente, certamente desenvolver novas amizades não ligadas ao álcool seria uma entre as metas da terapia. E muitas vezes as novas amizades, assim como as novas atividades sociais envolvidas, não produziriam reforçadores positivos em curto prazo. Os novos colegas desse cliente em um primeiro momento podem ser vistos como enfadonhos, distantes ou indiferentes. Decorre daí que as habilidades necessárias para a convivência "natural" podem demorar muito para serem desenvolvidas, como aprender a iniciar e manter uma conversa interessada sobre temas não relacionados ao álcool. Nesse processo os comportamentos sociais iriam se tornando mais sensíveis aos reforçadores sociais dispostos pelos novos amigos. Esse fato comumente leva ao atraso da aprendizagem de novos desempenhos reforçados positivamente.

Lewinsohn et al. (1976) ainda avançaram na concepção do papel do reforçamento positivo na depressão quando analisaram três processos responsáveis pela diminuição das RCPR. Essa perspectiva teórica dos autores parece estar embasada na análise funcional do comportamento depressivo, ao abordar os três componentes que formam a contingência de reforçamento, ou seja, o antecedente, o comportamento e a sua consequência.

Explicam Lewinsohn et al. (1976) que primeiramente poderia estar ocorrendo uma perda do efeito reforçador das consequências do comportamento. Nesse ponto a análise dos autores dá ênfase ao terceiro componente da contingência, quando ressalta a diminuição da suscetibilidade ao estímulo reforçador positivo. Esse efeito pode ser constatado na falta de motivação do depressivo em iniciar e dar continuidade a certas atividades. A acentuada diminuição do interesse ou prazer em quase todas as atividades na maior parte do dia (DSM-5; American Psychiatric Association, 2014) está relacionada à perda do efeito do reforço. Assim, por exemplo, um depressivo não teria mais interesse em suas atividades semanais (ou mesmo não se engajaria na mesma frequência), como visitar os amigos ou comparecer aos eventos familiares. Isso ocorre pelo fato de as consequências produzidas perderem seu efeito reforçador positivo sobre o comportamento não depressivo.

Em segundo lugar, poderia ter ocorrido uma mudança no ambiente do indivíduo de modo que os reforçadores habituais não estariam mais disponíveis (Lewinsohn et al., 1976). Aqui a análise focou no antecedente, ou seja, no controle de estímulos para o responder efetivo que produz o reforçamento. Haveria uma mudança no ambiente de modo a não mais estar disponível a ocasião para a emissão do comportamento. Uma mudança da cidade natal, em que os amigos e familiares não estarão mais presentes, ou o falecimento de um ente querido poderiam explicar a redução na taxa de RCPR.

Terceiro, os reforçadores continuariam no ambiente, porém o indivíduo não teria habilidades para conseguir produzi-los (Lewinsohn et al., 1976). Dentro da representação da contingência de reforçamento, a atenção foi prestada nesse ponto ao segundo elo da análise funcional, o "comportar-se". A inserção em ambientes sociais exige do indivíduo habilidades complexas, como a empatia, a assertividade ou a aprendizagem de comportamentos vulneráveis, a exemplo da autorrevelação ou do desabafo (Cordova & Scott, 2001; Kohlenberg & Tsai, 1998).

Falar ainda de RCPR suscita também uma outra questão. O terapeuta comportamental trabalha normalmente não com o comportamento, mas, mais especificamente, com as regularidades comportamentais. Nada mais lógico. Se estamos abordando um comportamento reforçado positivamente, falaremos necessariamente do aumento de sua frequência ao longo do tempo, ou seja, da repetição desse desempenho que foi fortalecido. E essa repetição leva à regularidade na produção de reforçadores positivos, processo que ocorre gradativamente no curso do tratamento.

Na depressão, interessa ao terapeuta BA analisar as regularidades crescentes do comportamento não depressivo (Kanter et al., 2009). Decorre dessa constatação que será necessário tempo para a modelagem e alguma boa persistência para que o efeito antidepressivo dos reforçadores passe a acontecer. Normalmente o cliente depressivo está muito pouco sensível ao lento progresso rumo à melhora. O cliente em geral está envolto em um contexto rico em estimulação aversiva. Vale lembrar ainda que seus comportamentos não foram adequados às mudanças que aconteceram no ambiente social, levando-o à depressão (Ferster, 1973). Seria, portanto, esperado que o cliente esteja mais sensível a atentar para os eventos negativos, comparando, por exemplo, o seu progresso "glacial" de melhora ao de algum conhecido que rapidamente "superou" a depressão. Essa característica explica o repertório limitado de atenção, normalmente focado em acontecimentos negativos, o que, consequentemente, leva a mais queixas e desesperança.

Taxa de respostas também deveriam sensibilizar o terapeuta para a necessidade do desenvolvimento de uma variabilidade de habilidades e, portanto, para a produção de reforçadores positivos diversificados (Kanter et al., 2009). Em nossa concepção, um repertório de comportamentos não depressivos adequado deverá envolver diversas áreas importantes da vida do cliente, sempre de acordo com os seus valores pessoais, como as relações de trabalho, de estudo, lazer, relacionamentos de amizade, amor romântico ou esporte. Quanto mais diversificado o repertório, maior a probabilidade da melhora e do desfecho positivo do tratamento. Assim também diminuiria a chance de uma futura recaída. É o contato com fontes estáveis e diversas de reforçamento que, em última instância, mantém repertórios estáveis de saúde psicológica (Kanter et al., 2009).

UMA CONCEPÇÃO DE TRATAMENTO PARA A DEPRESSÃO: A CONTRIBUIÇÃO DE P. LEWINSOHN PARA AS INTERVENÇÕES

A formulação da avaliação funcional fundamentada nos contextos de perda da efetividade do reforçador, na interrupção da sua disponibilidade e na falta de repertório originou a criação da Agenda dos Eventos Prazerosos, instrumento utilizado como escala e também como intervenção psicoterapêutica. A agenda foi criada com o objetivo de restituir as RCPR (Lewinsohn & Libet, 1972; Lewinsohn & Graf, 1973). Nela, o indivíduo deveria selecionar 160 opções de eventos prazerosos dentre uma lista de 320 eventos sugeridos (p. ex., "Ouvir piadas", "Estar no campo", "Ir a um concerto de rock", "Ir a um evento esportivo"). As opções de atividades incluíam áreas como entretenimento, excursão, interações sociais, esportes e jogos, educação, atividades domésticas, *hobbies*, saúde, entre outras. Esse "*menu*" de atividades era oferecido também com o objetivo de colocar os depressivos em contato com uma diversidade de opções, posto que normalmente relatavam poucas atividades reforçadoras.

Ao preencher a agenda, os respondentes pontuavam dois escores de 3 pontos cada, sendo um relacionado à frequência de ocorrência no último mês (não aconteceu, aconteceu poucas vezes, frequentemente aconteceu) e o outro ao prazer subjetivo (não prazeroso, algumas vezes prazeroso e muito prazeroso). A apuração final ocorria a partir de dois escores: frequência (a média de todas as frequências assinaladas) e prazer subjetivo, obtido pela multiplicação da frequência e do prazer subjetivo medidos em cada item.

Ao fim da apuração eram selecionadas as dez atividades que tivessem exercido comprovado efeito reforçador positivo. O reforçamento produziria efeito antidepressivo. O uso da agenda com adaptações (Martell, Addis & Jacobson, 2001; Lejuez, Hopko & Hopko, 2001) é o principal componente da terapia comportamental na depressão. Na década de 1990, a concepção comportamental de depressão e a agenda por ela orientada ganharam o nome "ativação comportamental" (Jacobson et al., 1996).

CONTRIBUIÇÕES DE N. JACOBSON PARA A ANÁLISE DOS REPERTÓRIOS DE ESQUIVA PASSIVA

Na década de 1990, Neil Jacobson apresentou extensa produção de pesquisa sobre a terapia comportamental e cognitiva para a depressão. Infelizmente o autor veio a falecer cedo em 1999, mas o legado de seu trabalho e de seus ex-alunos continua a influenciar o pensamento moderno em terapia comportamental e cognitivo-comportamental. Jacobson e colaboradores (Martell et al., 2001) deram especial destaque ao papel dos repertórios de esquiva passiva na manutenção do comportamento depressivo, chamando-os de "comportamentos de enfrentamento secundários".

A aposentadoria pode ser um evento que leva a pessoa a desenvolver um amplo repertório de problemas secundários. Alguém que teve uma vida extensamente ligada ao trabalho e agora tem poucos reforçadores positivos desenvolve um repertório de esquiva passiva. Tenha em conta que essa pessoa já não verá mais seus amigos de trabalho que reforçavam um amplo repertório, seja nas conversas, seja na parceria das tarefas laborais, nas refeições conjuntas ou nos programas extraexpediente. Outros repertórios controlados pelos reforçadores existentes no trabalho, ou a ele indiretamente associados, como o *status* profissional, social e econômico, normalmente deixam de existir após a aposentadoria. Da mesma forma, em uma sociedade marcada pela valorização da posição socioeconômica, um indivíduo que deixa de trabalhar tem seus comportamentos punidos constantemente, seja por familiares ou pela sociedade de uma forma mais ampla. O ócio do aposentado em geral é visto como "falta de ter o que fazer", "vagabundagem", perda do poder aquisitivo, debilidade física e/ou velhice. Como via de regra outros comportamentos não relacionados ao trabalho são raros, o repertório vai se estreitando. As atividades que traziam satisfação vão diminuindo. Por ter passado a maior parte do tempo envolvido com o trabalho, é comum que o aposentado não tenha aprendido a preencher o seu tempo com outras atividades, como pequenos afazeres, *hobbies*, esporte ou lazer.

O resultado é a tristeza, a perda de energia e mudanças bioquímicas no cérebro, como a depleção das monoaminas (p. ex., serotonina, dopamina, noradrenalina). Assim, a pessoa começa a ficar mais reservada em casa, evita os outros e rumina com grande frequência, desenvolvendo comportamentos de esquiva passiva que a mantêm cronicamente em depressão.

O mérito de Jacobson e seus colaboradores foi o de organizar as ideias de Ferster e Lewinsohn em um modelo compreensivo parcimonioso, de fácil entendimento para clínicos e pesquisadores. Sua contribuição não veio no sentido de terem formulado algo realmente original, mas de terem conseguido avançar na sistematização da concepção comportamental de depressão. Seu principal legado foi o de ter relançado a terapia comportamental como uma alternativa psicossocial confiável no tratamento da depressão. A maior contribuição, a nosso ver, veio nas diversas pesquisas que publicou envolvendo a BA, doravante descritas.

Capítulo 2
Uma filosofia da ciência comportamental aplicada à depressão

Todo o empreendimento científico sério em psicologia necessariamente deverá apresentar princípios organizadores que orientam a forma de conceber o fenômeno psicológico, ou seja, de produzir conhecimento e a forma de aplicá-lo. Isso porque a consistência da forma de trabalho poderá ser diretamente derivada do quanto os cientistas se mantiveram fiéis aos princípios norteadores traçados, dando coerência conceitual e maior alcance ao desenvolvimento do projeto científico. A ativação comportamental (BA) teve ao longo de suas diversas formulações diferentes filosofias que a fundamentaram. Como exemplos citamos o behaviorismo radical implícito na proposta de BA de Ferster (1973) e de Lewinsohn et al. (1976), o contextualismo funcional descrito em Martell et al. (2001) e Kanter et al. (2009), e a lei da igualação adotada na BA de Lejuez et al. (2001).

Em comum, todas essas filosofias trazem como recorte de análise do fenômeno psicológico as relações que o comportamento mantém com o ambiente. As novas propostas filosóficas percebidas na década de 1990, a exemplo do contextualismo funcional, foram selecionadas por alguns autores devido a sua proximidade com o behaviorismo radical.

O adjetivo radical dado a esse tipo de behaviorismo vem de "raiz", ao contrário do que a palavra "radical" possa sugerir (p. ex., inflexível e/ou intolerante em suas convicções), no sentido de que o comportamento é o que há de mais fundamental na explicação do fenômeno psicológico, entendido contextualmente na sua interação com o ambiente, sobretudo social.

O presente capítulo pretende introduzir a perspectiva filosófica do manual de BA formulado neste livro. Essa proposta de BA foi desenvolvida por nós no Instituto de Análise do Comportamento de Curitiba (IACC) ao longo de mais de 15 anos e tem no artigo de Abreu e Santos (2008) o núcleo de extensa parte de sua fundamentação. A partir desse ponto faremos referência à nossa proposta como BA-IACC, manual integrado[2].

---

2 Doravante faremos menção à BA-IACC quando estivermos nos referindo à ativação comportamental do manual contido neste livro, e à BA quando fizermos menção à proposta de outros autores– ou, ainda, como uma descrição genérica desse sistema de terapia.

Vemos como importante, e como nossa primeira tarefa, caracterizar o behaviorismo radical como a filosofia raiz da BA-IACC.

OS COMPROMISSOS ONTOLÓGICOS DA FILOSOFIA QUE FUNDAMENTA A BA-IACC

O compromisso ontológico de uma proposta filosófica em psicoterapia diz respeito à forma como essa tradição entende o fenômeno psicológico. A psicologia enquanto ciência trouxe dois grandes grupos de tradições: o dualismo e o monismo.

O dualismo dividiu o fenômeno psicológico humano em dois estofos, sendo o primeiro relacionado ao mundo físico e o segundo relacionado aos processos nomeados de mentais. Nesse sentido, no dualismo, a causa para as condutas humanas residiriam nas dinâmicas mentais que teriam leis próprias. As escolas cognitivas de psicologia clínica inserem-se dentro dessa proposta, devido ao fato de entenderem que são os pensamentos distorcidos, ou as interpretações errôneas da realidade, que levariam a condutas sintomáticas observáveis. As variáveis críticas na determinação dos comportamentos residiriam, portanto, dentro da pessoa. As propostas mais atuais das psicologias dualistas viram no cérebro, em sintonia com as ciências naturais, a possiblidade de fundamentar os seus constructos teóricos. Assim vem acontecendo também com algumas propostas de terapia cognitiva aplicada à depressão (Beck, 2008).

Já para as tradições monistas em psicologia não existiriam dois estofos na explicação da conduta humana. Não existiria um mundo mental e um mundo físico do corpo, sendo essa divisão meramente arbitrária por conveniência do investigador. Nesse sentido os fenômenos internos não guardariam nenhum *status* causal diferenciado, tampouco responderiam a alguma lei diferente. A psicologia deveria seguir os passos das ciências naturais e investigar variáveis com dimensões no tempo e no espaço, entendendo o indivíduo como um todo, indivisível. A principal tradição monista na psicologia foi o behaviorismo, sendo a mais notável o behaviorismo radical de Skinner (1953/1968; 1974/1976).

O behaviorismo radical traz um entendimento diferenciado de psicologia, pois, diferentemente da outras tradições fundamentadas no dualismo mente e corpo, entendeu que o comportamento seria o objeto legítimo de estudo da psicologia. O conceito de comportamento trazido é chave dentro dessa proposta, pois envolve fenômenos observáveis, mas também os subjetivos, como sentimentos, memórias, criatividade, tomada de decisões e pensamentos. Lança mão da introspecção e da interpretação desses eventos subjetivos (Dittrich et al., 2009), porém entende que os processos de aprendizagem envolvidos ocorrem nas relações contexto-dependentes, mais especificamente, na interação com o outro.

Considere uma ligeira analogia para entender melhor o conceito behaviorista de comportamento. Imagine dois tipos de telefones, sendo um o telefone inventado por Alexander Graham Bell e o outro um moderno *smartphone* de última geração.

Imagine que no tempo de Graham Bell, tido por muitos como o inventor do telefone, alguém lhe apresentasse um *smartphone* dos dias atuais. Lembrando que o conceito de aparelho telefone daquela época tinha como única caracterização fazer e receber chamadas.

Até o presente momento é possível tirar fotos com um *smartphone*, agendar compromissos, controlar gastos, fazer cálculos, jogar, acessar a internet, assistir a vídeos, tendo a possibilidade de pagar uma conta ou fazer uma videoconferência com muitas pessoas. O limite das possibilidades de funções de um *smartphone* é apenas delineado pelo alcance dos aplicativos disponíveis.

Ambos os aparelhos, antigo e novo, poderiam ser definidos como telefone, mas isso é particularmente verdade para nós que vivemos no presente momento da história tecnológica. Para Graham Bell, a partir do que seu tempo lhe permitiria, talvez não fosse possível classificar um *smartphone* como um telefone, ao menos não na acepção da palavra. Os paradigmas envolvidos são outros.

A psicologia dualista tradicional, bem como muitas tradições em psiquiatria, concebe uma divisão arbitrária entre mente e corpo, entendendo o comportamento como sendo apenas nossas ações públicas, passíveis de serem observadas pelo outro. Nesse sentido, o emocionar, o sentir, o pensar, resolver problemas ou tomar decisões, entre outras ações tidas como subjetivas, não seriam comportamentos. Daí a necessidade do conceito de mente – a mente seria a causa dos pensamentos e das emoções e, portanto, teria leis próprias. Mas a mente é formada por algum "estofo/substância" ainda não explicado cientificamente (Skinner 1953/1968). Ela continua sendo apenas um conceito, pois não existe de fato na natureza, o que não significa dizer que os eventos, ora classificados como "mentais", não sejam fenômenos comportamentais e, como tais, precisam ser explicados por qualquer linha de psicologia que se afirme ser séria. Para o behaviorismo radical, o conceito de mente obscurece a explicação da causa dos comportamentos. O conceito de comportamento trazido pelas tradições mentalistas equivaleria, portanto, a um telefone rudimentar da época de Graham Bell.

Voltemos agora à definição de comportamento para o behaviorismo radical. Comportamento no behaviorismo é entendido contextualmente, pois envolve a relação do indivíduo com o seu mundo. Nessa relação o indivíduo modifica seu ambiente e é por ele modificado. Essa relação de interação entre comportamento e o ambiente em que ele ocorre é o que concede à ciência comportamental seu caráter contextual de análise. Nesse sentido dizemos que o comportamento é função de sua relação com o contexto, presente e passado.

Dentro dessa concepção os eventos subjetivos como o pensamento e os sentimentos também seriam comportamento, pois seriam nossas interações legítimas com o mundo. Como exemplo, imagine que uma pessoa em depressão esteja triste em meio a um café, quando lhe assolam alguns pensamentos negativos referentes a um episódio de briga com seu amigo. Um colega poderia lhe perguntar "por que você está tão quieto?", e ele facilmente lhe responderia "porque estou triste, lembrando-me da briga que tive com Pedro". Mas a despeito de essa explicação ser uma usual que damos no nosso dia a dia, seria talvez mais produtivo perguntar "o que levou você a ter esses sentimentos de tristeza e lembranças?". E a resposta então retornaria nossa atenção para a interação em contexto do cliente com o seu mundo social – "tenho brigado muito com meu amigo". Essa concepção de comportamento dá a oportunidade única de que o terapeuta BA-IACC possa intervir nessas relações comportamentais. Para que meu cliente mude os pensamentos e sentimentos negativos, poderíamos levar a vê-los sob outro ponto de vista, como fazemos quando usamos alguma técnica cognitiva de desafios de pensamentos. Mas, mesmo assim, estaríamos fazendo essa mudança de fora para dentro, externamente e na sua relação com o mundo social, a partir da interação com o terapeuta. Talvez fosse mais efetivo mesmo levar o cliente a resolver suas pendências diretamente com o amigo! Essa tem sido a postura de terapeutas BA. Se o terapeuta tiver habilidade técnica em fazê-lo, então talvez o depressivo vivencie outros pensamentos com relação ao seu amigo, e quiçá sentimentos muito mais nobres.

O fato é que no behaviorismo radical os sentimentos e pensamentos associados não aconteceriam no vácuo. Eles são comportamentos também e, portanto, não poderiam ser a explicação causal para as condutas observáveis, mas parte daquilo que precisa também ser explicado (Skinner 1953/1968).

Não é difícil entender o comportamento como sendo uma relação mais ampla com o ambiente, assim como não é difícil para nós entender que um *smartphone* envolve muito mais que um telefone do Graham Bell. Para o behaviorista radical, o comportamento age sobre o ambiente, e o produto dessa interação transforma, para além do mundo, o repertório comportamental da pessoa que se comporta. Nesse sentido, a BA, partindo de uma perspectiva monista, entende que não haveria como separarmos o organismo de sua interação com o ambiente (Martell et al., 2001). É possível, portanto, conhecer as propriedades e o funcionamento dos eventos subjetivos por meio do conceito behaviorista de comportamento, o que impulsionou a criação de métodos igualmente originais de investigação, impelindo o desenvolvimento da terapia comportamental.

OS COMPROMISSOS EPISTEMOLÓGICOS DA FILOSOFIA QUE FUNDAMENTA A BA-IACC

Os objetivos da ciência comportamental para o behaviorismo radical seriam predição e o controle do comportamento. A predição ocorreria pelo fato de existirem regularidades no comportamento dos organismos, como o contexto em que este normalmente ocorre e o que é normalmente produzido como consequência. O ser humano sempre teve a necessidade de prever como determinado comportamento de um organismo ocorrerá, e na psicologia científica esse objetivo foi primordial na caracterização das probabilidades de ação das pessoas.

Reforçamento gera regularidade comportamental. A lei do reforçamento começou com a observação sistemática em laboratório das relações funcionais do comportamento de animais de espécies infra-humanas, e rapidamente foi expandido experimentalmente para o comportamento de outras espécies, como o ser humano. Os parâmetros do reforçamento foram assim mais bem descritos e muitos conceitos foram dele derivados, como a punição, a generalização, a extinção e a discriminação (Schlinger, 2019). Nesse sentido, todas as condições que controlam o comportamento das espécies puderam ser explicitadas por meio da observação desses princípios e leis. A ciência de base dedicada a explicar as regularidades do comportamento foi denominada de análise experimental do comportamento (AEC) (Skinner, 1953/1968).

O controle do comportamento seria o segundo objetivo da ciência do comportamento de acordo com o behaviorismo skinneriano. Por que o controle do comportamento? A AEC tem como objetivo formular princípios e leis para a explicação das regularidades comportamentais. Modificação no campo da aplicação pode ser entendida como controle de uma conduta problemática. Uma extensão da descoberta dessas leis fundamentais do comportamento seria a sua aplicação na modificação de condutas problemáticas com relevância social (Baer, Wolf & Risley, 1968). Uma aplicação seria a análise comportamental clínica, como a BA-IACC. Existe um interesse social em entender o porquê de um depressivo se comportar da maneira como o faz. Os psicólogos são chamados, consequentemente, a dar explicações causais para as condutas que trazem sofrimento às pessoas enfermas e a seus familiares. A modificação do padrão comportamental descrito nos critérios diagnósticos da depressão – portanto, o seu controle – ganha importância única nesse processo.

A EXPLICAÇÃO SELECIONISTA DO COMPORTAMENTO HUMANO NA FILOSOFIA QUE FUNDAMENTA A BA-IACC

O fato de a pesquisa de base em laboratório empregar mais de uma espécie na escala evolutiva demonstrou a aplicabilidade da lei do reforçamento na explicação do comportamento. Gradativamente a AEC vem refinando os métodos para o estudo da história comportamental e das condições antecedentes e consequentes que afetam o comportamento dos organismos.

Skinner (1981) chamou a atenção para o seu modelo causal do comportamento ao aproximá-lo do modelo de seleção natural de Darwin. Segundo o autor, a variação e a seleção definem os processos mais fundamentais da seleção natural darwiniana.

Em um ambiente relativamente estável, a reprodução das espécies seria garantida, porém, mudanças ambientais ocorreriam de tempos em tempos, como o aumento dos centros urbanos, as mudanças climáticas, a disponibilidade de comida, a presença de predadores ou a concorrência pelo acasalamento. Essas mudanças ambientais poderiam se configurar como obstáculos intransponíveis para a sobrevivência de algumas linhagens. Outras, com características anatomofisiológicas mais adaptativas, conseguiriam sobreviver.

Tome como exemplo icônico as mariposas de asas escuras no Reino Unido durante a revolução industrial. A forma mais comum do animal tinha asas da cor branca, e, antes da revolução, a camuflagem dos pássaros predadores foi garantida pelo líquen claro da casca das árvores (Walton & Stevens, 2018). No entanto, a fuligem escura que se decantou no tronco com a poluição permitiu que as mariposas de asas pretas, e não mais as brancas, se camuflassem dos predadores. Nesse sentido, uma variação genotípica permitiu a diversificação da espécie, aumentando as chances de sobrevivência das mariposas. O genótipo dessa linhagem foi selecionado pelo novo ambiente constituído. As linhagens não adaptadas, como as de asas brancas, teriam muito mais dificuldades de sobrevivência, pela dificuldade de reprodução. A esse processo de seleção darwiniana Skinner (1981) nomeou de primeiro nível de seleção pelas consequências.

O segundo nível de seleção relaciona-se com o comportamento, mais especificamente, com a história de interações do indivíduo com o seu ambiente. Os ambientes naturais são dinâmicos, exigindo trocas constantes do organismo na obtenção de insumos básicos para sobrevivência, como água e comida. Por meio do comportamento respondente (pavloviano), respostas previamente reservadas a determinados estímulos poderiam ser eliciadas por novos estímulos associados temporalmente ao estímulo original (Skinner, 1981). E por meio do comportamento operante, novas formas mais requintadas de se comportar puderam ser modeladas, pelo reforçamento que segue a emissão de uma resposta adaptada ao ambiente. Assim, as espécies ficaram menos dependentes de repertórios inatos apropriados para ambientes específicos (Skinner, 1981), vindo a aprender formas alternativas de comportamentos adaptativos que propiciariam a superação de obstáculos físicos. O desenvolvimento da linguagem é um exemplo do salto evolutivo enorme na história de sobrevivência da nossa espécie. Conforme pontua Skinner, quando a musculatura vocal ficou sobre o controle do ambiente, o comportamento verbal passou a controlar enormemente o auxílio que uma pessoa recebe da outra. Foi então possível as pessoas cooperarem entre si, criando regras, leis, técnicas especiais de autogoverno e práticas éticas, desenvolvendo com isso a consciência e o autoconhecimento (Skinner, 1981). A semelhança com a seleção natural no primeiro nível é notável. Os organismos precisariam de alguma variação de desempenhos, a exemplo da alimentação e da proteção de predadores, sendo que alguns desses comportamentos não produziriam consequências positivas, mas outros, sim, passando a garantir a sobrevivência.

O terceiro nível de seleção pelas consequências foca a cultura. As culturas evoluem ao longo do tempo e são as consequências dos comportamentos individuais para a sobrevivência do grupo, e não do indivíduo, que seriam as selecionadoras dos padrões culturais (Skinner, 1981). O cultivo de leguminosas poderia ser um exemplo de um novo padrão comportamental, alternativo à caça e à coleta na natureza. Esses comportamentos seriam, portanto, selecionados pelas suas consequências. A variação de práticas garantiria a seleção de soluções de problemas para o grupo como um todo.

É possível notar aplicação do modelo de seleção pelas consequências de Skinner ao entendimento da causalidade dos repertórios comportamentais na depressão. No primeiro nível notamos que os estados depressivos podem ocorrer também em outros animais infra-humanos dentro da escala evolutiva– e não somente no ser humano. Manipulações experimentais da controlabilidade em animais roedores, como os modelos de depressão do desamparo aprendido, estresse crônico moderado, suspensão pela cauda e o nado forçado, são chaves para o entendimento moderno da depressão por serem importantes para o teste de drogas (p. ex., Willner, 1984; 1985) e de tratamentos comportamentais. Segundo Willner (1984), um modelo animal de psicopatologia é importante para a ciência psicológica se apresenta similaridades de etiologia, sintomatologia, alterações bioquímicas e de tratamentos efetivos. A obrigatoriedade do preenchimento desses critérios científicos garantiria a aproximação do fenômeno observado em laboratório aos comportamentos dos humanos. Existiria, portanto, alguma herança evolutiva de sobrevivência nos comportamentos depressivos de diferentes espécies.

No segundo nível notamos que as pesquisas têm demonstrado o papel da diminuição da taxa de respostas contingente ao reforçamento positivo como sendo a variável crítica na determinação do repertório depressivo, bem como sua restauração seria fundamental para melhora do quadro clínico (Carvalho & Hopko, 2011). Mesmo pesquisas de componentes no modelo cognitivo de tratamento para a depressão de A. T. Beck (Becket al., 1979) demostraram que a restituição de reforçadores positivos, e não a mudança de pensamentos, é suficiente e adequada para a melhora dos desfechos de caso (Jacobson et al., 1996; Gortner et al., 1998).

O terceiro nível causal relacionado à cultura talvez seja mais fácil de visualizar. O aumento do isolamento social pode ser associado a processos de produção industrial fragmentada, ao aumento exaustivo das jornadas de estudo e trabalho, ao consumismo que aumentou a necessidade de obtenção de recursos, bem como à concorrência por empregos e mercados. Um grande estudo de comparação entre culturas de áreas urbanas e rurais em países desenvolvidos encontrou que morar em áreas urbanas aumenta em 39% a chance de a pessoa desenvolver transtornos afetivos (Peen et al., 2010). A essa equação se soma a imigração em massa para os grandes centros em busca de melhores oportunidades, com consequente distanciamento do suporte social e familiar. Em países pobres o medo com a insegurança acaba dificultando ainda mais a convivência nos espaços urbanos.

Hoje, para além das explicações genecêntricas, a ciência evolucionista já reconheceu outros mecanismos de hereditariedade, como a epigenética (envolvendo mudanças transgeracionais na expressão gênica, ao invés da frequência dos genes), formas de aprendizagens sociais encontradas em muitas espécies, formas de pensamento simbólico que são distintas do humano, e por último, o componente adaptativo do sistema imune por meio da criação e da seleção de muitos anticorpos (Wilson & Hayes, 2018). Os achados que sustentam essas discussões mantêm vivos o modelo de seleção pelas consequências skinneriano. Talvez esse seja o elemento mais consistente de toda a filosofia behaviorista, ausente nas filosofias mais recentes que fundamentam a BA, a exemplo do funcionalismo contextual. Segundo Skinner (1981), a seleção natural substituiu a explicação causal de um Deus criador, e o reforçamento substituiu o conceito de uma mente criativa. Assim, também, a seleção de padrões culturais substituiu a ideia de um desenvolvimento planejado, ou de um empreendimento organizado desde a sua gênese (Skinner, 1981).

Capítulo 3

Diagnóstico diferencial de transtornos depressivos com interesse para a ativação comportamental

Segundo a Organização Mundial da Saúde, atualmente mais de 300 milhões de pessoas são afetadas pela depressão ao redor do globo, um aumento de mais de 18% entre os anos de 2005 e 2015 (World Health Organization, 2017). A previsão para o ano de 2020 é que a depressão seja a enfermidade com a segunda maior causa de incapacitação, ficando atrás somente das doenças isquêmicas do coração (World Federation for Mental Health, 2012).

Em psiquiatria, a depressão pode se referir a coisas ambíguas, como ao sintoma de depressão, mas também como menção genérica a algum dos diversos subtipos sindrômicos listados nos manuais diagnósticos, a exemplo do transtorno depressivo maior (TDM) ou do transtorno depressivo persistente (TDP). No campo das psicoterapias comportamentais, como a ativação comportamental (BA), o termo depressão refere-se ao conjunto de comportamentos depressivos, como tristeza, diminuição de interações sociais, faltas ao trabalho, irritação, anedonia, ideações suicidas, ruminações, hipersonia e insônia. Dado repertório normalmente envolve uma combinação particular de comportamentos depressivos em cada pessoa (Martell et al., 2001). Nesse sentido, a investigação clínica deve se ater ao caráter idiográfico individual do repertório de cada cliente, ainda que alguns sintomas sejam comuns a mais de um caso. Esses comportamentos adquirirão funções e topografias singulares conforme a história e o contexto em que eles atualmente ocorrem. Assim, para um dado cliente, as ruminações poderiam ser pensamentos recorrentes de culpa. Um cliente poderia julgar que não cuidou de sua mãe falecida nos últimos dias de vida em que ela esteve terminalmente doente. Um outro cliente que vivenciou falência financeira pode ruminar repetidamente sobre as péssimas decisões tomadas, com relação a ex-sócios, fornecedores ou clientes, chegando a acreditar que padece de alguma "incompetência" histórica para o trabalho.

Embora aparentemente a depressão seja um problema bastante comum, o diagnóstico segue ainda sendo de difícil execução por clínicos de saúde mental. A despeito do desafio em se avaliar cada caso em sua individualidade, a precisão dessa avaliação tem um papel fundamental para a formulação da concepção inicial de caso na BA. Isso porque, embora uma leitura funcionalmente orientada seja supostamente o ponto de partida de trabalho do terapeuta, as análises funcionais são feitas essencialmente com base nas classes de respostas que compõem os critérios diagnósticos da depressão, como os comportamentos relacionados ao humor deprimido e à perda do interesse ou prazer. Esse fato poderia causar certo estranhamento em muitos terapeutas comportamentais, que veem grande limitação no uso dos diagnósticos nosológicos devido ao seu limitado alcance, histórico de imprecisões e extrapolações de abrangência.

Podemos citar como vieses sociais históricos a polêmica de se considerar o luto como critério diagnóstico ou não e, a partir daí, aumentar a prescrição de remédios psiquiátricos para clientes enlutados que supostamente não precisariam desse tipo de tratamento. Até o DSM-IV-TR existia o critério de tempo de 2 meses como sendo o curso natural de um episódio de luto (DSM-IV-TR; American Psychiatric Association, 2000). Com um tempo excedente a 4 meses já seria possível o diagnóstico de TDM. O DSM-5, contudo, entendeu que o luto é uma reação normal humana à perda de um ente querido, fundamentada no fato de que um grande número de pessoas enlutadas não desenvolve os critérios para o diagnóstico de TDM. Hoje, portanto, as observações de problemas distintos parecem ser a nova ordem de classificação. Diferentemente do que acontece no luto, pessoas que desenvolvem TDM diante de uma perda apresentam mais pensamentos autodepreciativos, culpa, episódios de psicose associada e pensamentos suicidas, além de apresentarem histórico de outros episódios de depressão maior. E mesmo seus familiares poderiam já ter desenvolvido TDM. Esses clientes dificilmente mostram algum episódio de pensamentos positivos característicos do luto, como uma agradável lembrança da pessoa perdida. Atualmente, na ausência de critérios objetivos, o DSM-5 acaba confiando ao clínico a avaliação do repertório e a formulação do diagnóstico diferencial do luto e do TDM (Barnhill, 2014) e, assim, deixa o paciente sujeito às interpretações particulares do profissional, que quase sempre são consequência da qualidade de seu treinamento acadêmico/profissional e dos seus valores pessoais.

Outro viés historicamente apontado por terapeutas comportamentais seria a concepção internalista de doença, às expensas de a depressão não ter até o presente momento um marcador biológico inquestionado pelas disciplinas científicas interessadas. A concepção da depressão enquanto um problema que tem fundamentalmente causas fisiopatológicas teria, como implicação última, a apresentação de uma leitura fragmentada do fenômeno clínico. Isso por não levar em conta na equação causal toda a riqueza de influências das variáveis ambientais e sociais envolvidas. Os analistas do comportamento, fundamentados em pesquisas experimentais, entendem que as variáveis biológicas constituem, sim, o fenômeno comportamental, porém não o definem por si só (Tourinho, Teixeira & Maciel, 2000). Nesse sentido, teriam participação na determinação do comportamento, mas, estando o organismo intacto, não guardariam nenhum status causal especial. Para o analista do comportamento, as contingências de reforçamento seriam as variáveis críticas na determinação dos comportamentos-problema observados nas psicopatologias, como na depressão (Ferster, 1973). Mesmo o DSM-5 parece atestar a não existência de um marcador biológico quando afirma que, no TDM, "embora exista ampla literatura descrevendo correlatos neuroanatômicos, neuroendócrinos e neurofisiológicos do transtorno depressivo maior, nenhum teste laboratorial produziu resultados de sensibilidade e especificidade suficientes para serem usadas como ferramenta diagnóstica para esse transtorno" (DSM-5; American Psychiatric Association, 2014, p. 165).

Conquanto essas críticas sejam válidas e sirvam de insumo útil para o pensamento crítico, acreditamos que as limitações do diagnóstico levaram muitos competentes analistas do comportamento a interromperem a discussão sobre a função da psicopatologia para a terapia comportamental.

É de nossa firme convicção entender o papel do diagnóstico nosológico não somente para a BA, mas de modo mais amplo, para a terapia comportamental como um todo. Os grupos sindrômicos descritos nos manuais diagnósticos propõem-se a cobrir problemas comuns a muitos tipos de depressão, indiferentemente da procedência da cultura em que se encontra cada cliente. Eles são resultado de extensa pesquisa e, embora suas classificações tragam limitações ao longo das suas múltiplas formulações (p. ex., DSM IV-TR, DSM-5), eles cumprem o papel de descrever um rico fenômeno comportamental que causa sofrimento identificado pela própria pessoa ou por terceiros. O conjunto de comportamentos identificado durante o curso da depressão guarda dimensões no tempo e no espaço e, por isso, é fenômeno para as ciências naturais, dentre as quais a análise do comportamento, preocupada em dar respostas aos problemas de saúde mental.

A psicopatologia também vem cumprindo a função social de evidenciar para um público mais amplo que muitos de seus sofrimentos têm nome e reconhecidos conhecimentos científicos que os explicam. A depressão hoje não é mais reflexo de qualquer falha de caráter, frescura ou preguiça, e sim um transtorno que tem tratamentos validados. O reconhecimento dessa condição traz a pessoa em sofrimento psicológico para o tratamento, dando esperança para ela e para suas famílias.

Por fim, o diagnóstico do TDM, conforme o DSM-5 (American Psychiatric Association, 2014), tem o objetivo de ser descritivo, e menos preocupado em identificar variáveis causais. Propõe-se nesse sentido a ser uma ferramenta de comunicação entre profissionais e disciplinas de saúde. Comunicação no sentido *lato* aqui adotado diz respeito ao reconhecimento que cada disciplina traz na explicação da depressão, em seus diferentes níveis de investigação, social, comportamental ou biológico, seja na pesquisa de base, aplicada ou translacional – sendo esta última tão desejada por possibilitar métodos inovadores de investigação para questões complexas (Mace & Critchfield, 2010). Embora o diagnóstico tenha base no entendimento sindrômico de "doenças", ele mostra-se em grande medida aberto às investigações de variáveis "causais" diversas e pode, por esse motivo, ser de utilidade pelas muitas disciplinas de saúde mental.

Afirmar isso não quer dizer que nossa avaliação na BA seja circunscrita e limitada ao diagnóstico de depressão, assim como não o seria mesmo para um psiquiatra. Nesse sentido, os critérios diagnósticos não são suficientes para um farmacoterapeuta, que, por exemplo, no seu exercício profissional, necessita articular conhecimentos de psicofarmacologia, neuroanatomia, neurofisiologia, psicofarmacologia clínica, farmacologia, patologia, fármaco-terapêutica, fármaco-epidemiologia, abordagens laboratoriais e, é claro, prática clínica. Assim como também não são suficientes para a análise do comportamento, por não trazerem informações necessárias para a formulação de uma avaliação funcional criteriosa do repertório comportamental de entrada do cliente, com a definição dos comportamentos de interesse, identificação e descrição dos seus efeitos comportamentais, identificação das relações entre eventos ambientais e os comportamentos de interesse, identificação das relações entre o comportamento de interesse e outros comportamentos existentes, bem como de suas histórias de aprendizagem (Matos, 1999).

Felizmente um maior interesse pela psicopatologia não é de todo estranho dentro da comunidade de terapeutas comportamentais. A BA debruçou-se desde a sua origem sobre a depressão, no sentido de oferecer diretrizes úteis e experimentalmente fundamentadas de tratamento. Dentre as terapias comportamentais de terceira geração, essa modalidade de psicoterapia segue ainda sendo primariamente dedicada à pesquisa aplicada à depressão.

Por esse motivo entendemos como essencial que o terapeuta BA compreenda e discuta algumas implicações clínicas dos diagnósticos do TDM, do TDP e do transtorno bipolar (TB) do tipo I e II.

TRANSTORNO DEPRESSIVO MAIOR

A Tabela 1 apresenta os critérios diagnósticos do TDM segundo o DSM-5.

Tabela 1 Critérios diagnósticos do transtorno depressivo maior

A. Cinco ou mais dos sintomas seguintes presentes por pelo menos 2 semanas e que representam mudanças no funcionamento prévio do indivíduo; pelo menos um dos sintomas é: 1) humor deprimido ou 2) perda de interesse ou prazer (nota: não incluir sintoma nitidamente devido a outra condição clínica): 1. Humor deprimido na maioria dos dias, quase todos os dias (p. ex., sente-se triste, vazio ou sem esperança) por observação subjetiva ou realizada por terceiros (nota: em crianças e adolescentes pode ser humor irritável). 2. Acentuada diminuição do prazer ou interesse em todas ou quase todas as atividades na maior parte do dia, quase todos os dias (indicado por relato subjetivo ou observação feita por terceiros). 3. Perda ou ganho de peso acentuado sem estar em dieta (p. ex., alteração de mais de 5% do peso corporal em um mês) ou aumento ou diminuição de apetite quase todos os dias (nota: em crianças, considerar incapacidade de apresentar os ganhos de peso esperados). 4. Insônia ou hipersonia quase todos os dias. 5. Agitação ou retardo psicomotor quase todos os dias (observável por outros, não apenas sensações subjetivas de inquietação ou de estar mais lento). 6. Fadiga e perda de energia quase todos os dias. 7. Sentimento de inutilidade ou culpa excessiva ou inadequada (que pode ser delirante), quase todos os dias (não meramente autorrecriminação ou culpa por estar doente). 8. Capacidade diminuída de pensar ou concentrar-se ou indecisão, quase todos os dias (por relato subjetivo ou observação feita por outros). 9. Pensamentos de morte recorrentes (não apenas medo de morrer), ideação suicida recorrente sem um plano específico, ou tentativa de suicídio ou plano específico de cometer suicídio.
B. Os sintomas causam sofrimento clinicamente significativo ou prejuízo no funcionamento social, ocupacional ou em outras áreas importantes da vida do indivíduo.
C. Os sintomas não se devem aos efeitos fisiológicos diretos de uma substância (p. ex., droga) ou outra condição médica. Notas: 1. Os critérios de A a C representam um episódio depressivo maior; 2. Respostas a uma perda significativa (luto, perda financeira, perda por um desastre natural, uma grave doença médica ou invalidez) podem incluir sentimentos de tristeza intensa, reflexão excessiva sobre a perda, insônia, falta de apetite e perda de peso observado no critério A, que pode assemelhar-se a um episódio depressivo. Embora esses sintomas possam ser compreensíveis ou considerados apropriados para a perda, a presença de um episódio depressivo maior em adição a uma resposta normal a uma perda significativa deve também ser considerado cuidadosamente. Essa decisão, inevitavelmente, requer o exercício de julgamento clínico baseado na história do indivíduo e as normas culturais para a expressão de angústia no contexto de perda.
D. A ocorrência de episódio depressivo maior não é mais bem explicada por transtorno esquizoafetivo, esquizofrenia, transtorno delirante ou outro transtorno especificado ou não do espectro esquizofrênico e outros transtornos psicóticos.
E. Não houve nenhum episódio de mania ou hipomania anterior. Nota: essa exclusão não se aplica se todos os episódios tipo maníaco ou hipomaníaco forem induzidos por substância ou atribuíveis aos efeitos fisiológicos de outra condição médica.

Levantamentos recentes atestam que o TDM tem a prevalência ao longo da vida mais alta dentre todos os transtornos mentais, com quase 17% (Sadock, Sadock & Riuiz, 2015). Clientes que tiveram perdas recentes, por exemplo, podem apresentar humor deprimido, vindo a perder, com o tempo, o interesse pela maior parte das atividades em que estavam normalmente envolvidos, como o trabalho e a interação com filhos, outros familiares e amigos. Desenvolvem sentimentos de culpa e desesperança crônica, podendo também apresentar insônia e/ou mudança dos seus hábitos alimentares a ponto de perderem ou ganharem peso. Caso preencham cinco de uma lista de nove sintomas listados, por pelo menos 2 semanas (e até menos que 2 anos), então o diagnóstico do TDM deve ser efetuado. Pessoas apenas com episódios depressivos maiores têm TDM ou depressão unipolar (Sadock et al., 2015).

O diagnóstico do TDM depende da apresentação clínica (cinco de nove sintomas), da história (persistência superior a 2 semanas) e da relevância (sofrimento ou prejuízo significativo). Sendo assim, permite uma certa amplitude de combinações de padrões comportamentais individuais entre clientes depressivos e confia no relato do sofrimento subjetivo como um critério psicológico válido e genuíno para a formulação do diagnóstico clínico.

Os critérios também continuam dispostos sob dois grandes eixos de sintomas, sendo eles o humor deprimido e a perda do interesse ou prazer. A diminuição da taxa de respostas contingentes ao reforçamento positivo (RCPR) produz humor deprimido e anedonia (Lewinsohn et al., 1976), o que aproxima os achados da pesquisa clínica comportamental da pesquisa em psiquiatria. Enfatiza-se que muitos clientes, sobretudo homens, relatam queixas somáticas, mal-estar corporal e insônia, em vez de humor deprimido. Para muitas sociedades o relato de tristeza não é bem visto no gênero masculino, e os controles sociais assim dispostos ou impedem o aprendizado da consciência dos estados corporais internos de humor ou punem sua manifestação pública.

Um ponto importante do diagnóstico diferencial do TDM é a sua diferenciação do transtorno depressivo induzido por substância/medicamento. Substâncias de abuso podem precipitar episódios depressivos secundários, como a dependência de cocaína. A abstinência de cocaína está etiologicamente ligada à perturbação de humor (DSM-5; American Psychiatric Association, 2014). Por esse motivo, recomendamos enfaticamente que nas sessões iniciais seja investigado o uso de substâncias e medicamentos, atualmente e no início do episódio depressivo.

Ainda no diagnóstico diferencial é importante distinguir o TDM do transtorno de humor devido a outra condição médica. Episódios iniciados e identificados com base em achados laboratoriais podem ser consequência de esclerose múltipla, acidente vascular cerebral, hipotireoidismo ou outra condição médica, por exemplo. Afirmar isso não quer dizer que o cliente não necessitará da BA, mas antes significa que o encaminhamento médico precisa ser feito. O trabalho conjunto interdisciplinar, via de regra, está presente na melhor das terapêuticas, e muitos clientes relatam se sentir mais cuidados sob a atenção conjunta dos dois ou mais profissionais.

TRANSTORNO DEPRESSIVO PERSISTENTE (DISTIMIA)

Muitos clientes continuam a apresentar comportamentos depressivos de forma crônica, e com variações de intensidade ao longo do seu curso temporal. O diagnóstico do TDP necessita de 2 anos ou mais para ser formalizado (ou 1 ano para crianças e adolescentes). Segundo o DSM-5, esse transtorno é uma consolidação do TDM crônico e do transtorno distímico, tidos como problemas de menor gravidade (DSM-5; American Psychiatric Association, 2014). Entretanto, seus critérios diagnósticos são bastante semelhantes aos do TDM. Apetite diminuído, insônia ou hispersonia, baixa energia, baixa autoestima, concentração pobre e sentimentos de desesperança, indiscutivelmente, pertencem também ao conjunto de comportamentos observados no TDM.

Da mesma forma pode ser bastante discutível a afirmação de que o TDM é uma condição mais severa do que o TDP. Primeiramente porque ao longo do transcurso de 2 anos do TDP uma grande variação da intensidade dos sintomas já poderia ter sido experimentada pelo cliente, da menos à mais debilitadora. Esse fato pode colaborar na explicação do alto índice de comorbidade de 40% entre esses transtornos. O termo "depressão dupla" tem sido usado para fazer referência a essa sobreposição diagnóstica (Sadock, et al., 2015). E, segundo, clientes podem ter sentimentos de disforia mais prolongados devido a sua dificuldade de relacionamentos, adaptação aos empregos, e mesmo atenção seletiva para acontecimentos negativos, mas isso não apontaria para algo essencialmente diferente do TDM (Barnhill, 2015).

Nesse ponto, interessa para o terapeuta BA entender que, se os problemas de comportamento permanecem, é porque não se conseguiu modificar de forma mais efetiva os padrões de interação da pessoa com o seu meio. Dito de outra forma, o cliente ainda não conseguiu ser suficientemente hábil de modo a produzir maiores RCPR. Vemos por esses motivos a BA como sendo também uma terapia indicada para o tratamento do TDP.

TRANSTORNO BIPOLAR DO TIPO I E II

Os TB I e II são caracterizados, respectivamente, por episódios de mania ou hipomania. De acordo com o DSM-5, episódios de mania e hipomania têm em comum "um período distinto de humor anormal e persistentemente elevado, expansivo ou irritável e aumento anormal e persistente da atividade dirigida a objetivos ou da energia" (DSM-5; American Psychiatric Association, 2014, p. 124). O TB I normalmente traz prejuízos funcional e social significativos para a vida do cliente, na qual o tipo II, normalmente, poderia ocorrer sem esses prejuízos. Contudo, resultados de pesquisas têm evidenciado que o tipo II está mais associado com idade de início mais precoce e com mais problemas conjugais, comparativamente com o tipo I (DSM-5; American Psychiatric Association, 2014). Somado a isso, os riscos de tentativas de suicídio e de suicídio consumado são mais altos no tipo II (Sadock et al., 2015).

Uma característica importante do TB do tipo II é a presença de pelo menos um episódio depressivo em uma ocasião em que os sintomas hipomaníacos não estão presentes. Já o TP do tipo I não traz a necessidade da presença pregressa de qualquer episódio depressivo maior, bastando a necessidade da ocorrência de uma fase de mania (DSM-5; American Psychiatric Association, 2014).

Um cliente pode apresentar um início agudo de euforia, pensamentos e falas acelerados, comportamentos impulsivos, como compras de coisas notadamente desnecessárias e caras, sexo imprudente, diminuição de tempo de sono e pensamentos de grandiosidade. Poderia então estar passando por um episódio atual de mania, o que configuraria o TB do tipo I. Um outro cliente que tem dormido menos nos últimos dias, e que tem episódios de irritabilidade quando contrariado, fuga de ideias, pressão por falar, funcionando de modo mais eficiente nos afazeres, e ainda que se mostra atipicamente feliz, pode estar passando por um episódio de hipomania. Esse cliente poderá receber o diagnóstico de TB II caso tenha acusado também um episódio depressivo maior no exame de seu histórico clínico.

A identificação da existência histórica de fases de mania ou hipomania não é uma tarefa fácil para o terapeuta BA. Isso porque clientes que receberam erroneamente o diagnóstico de TDM podem apresentar, em um exame mais detalhado, históricos de episódios de comportamentos maníacos ou hipomaníacos. Os clientes com TB muitas vezes têm pouca consciência a respeito de seu transtorno, necessitando que o terapeuta entreviste os familiares e pessoas do círculo social já nas primeiras sessões. O cliente também pode nunca ter apresentado sintomas maníacos ao longo de anos. Ademais, os clientes estão muito mais sensíveis ao relato de sintomas de disforia do que de euforia.

O TB I e II trazem também intersecções com o TDM bastante relevantes para o diagnóstico diferencial, haja vista que muitos clientes procuram o trabalho do terapeuta quando estão na fase de depressão bipolar. Pelo fato de a depressão unipolar e bipolar apresentarem características comuns, compartilhando semelhantes critérios diagnósticos, são facilmente confundidas em uma avaliação clínica.

Nesse ponto, o diagnóstico diferencial de TB I ou II deverá sensibilizar o psicoterapeuta para o encaminhamento ao médico psiquiatra. Proscrevemos enfaticamente a aplicação somente da BA nesses casos. Vale aqui lembrar que, diferentemente de um episódio depressivo maior "puro", o TB não é a soma de comportamentos das fases de depressão e de mania, mas antes um transtorno com espectro contínuo de variações comportamentais entre os dois polos, podendo mesmo apresentar conjuntos mistos de sintomas (DSM-5; American Psychiatric Association, 2014). O último *guideline* publicado pelo Canadian Network for Mood and Anxiety Treatments (CANMAT) em conjunto com o International Society for Bipolar Disorders (ISBD) lista alguns comportamentos que ajudam a diferenciar a depressão unipolar da bipolar, conforme a Tabela 2.

Tabela 2 Características da depressão que aumentam a suspeita de depressão bipolar ou unipolar

Características	Sugestivo de transtorno bipolar	Sugestivo de unipolaridade
Sintomatologia e sinais do estado mental	Hipersonia e/ou aumento das sonecas diurnas	Insônia inicial/redução do sono
	Hiperfagia e/ou aumento do peso	Perda do apetite e/ou peso
	Outros sintomas depressivos atípicos, como a sensação de corpo pesado	Nível de atividades normal ou aumentado
	Retardo psicomotor	Queixas somáticas
	Sintomas psicóticos e/ou culpa patológica	
	Labilidade emocional; irritabilidade; agitação psicomotora e taquipsiquismo	
Curso da doença	Primeiro episódio antes dos 25 anos	Primeiro episódio de depressão depois dos 25 anos
	Múltiplos episódios (≥ 5 episódios)	Longa duração do episódio corrente (> 6 meses)
Histórico familiar	Histórico familiar positivo para o TB	Histórico familiar negativo para o TB

Fonte: adaptada de Yathan et al., 2018.

De acordo com a Tabela 2, existem algumas características listadas no episódio depressivo atual que podem aumentar a suspeição do terapeuta por apontar para o TB. São elas: primeiros episódios antes dos 25 anos, múltiplos episódios depressivos recorrentes, história de TB diagnosticado na família, presença de sintomas psicóticos, agitação psicomotora, hiperfagia, sensação de corpo pesado, depressão pós-parto e psicose, tentativas de suicídios e histórico de sintomas maníacos ou ciclagem rápida induzidos por antidepressivos. O início abrupto da depressão, sobretudo quando destituído de mudanças relevantes no ambiente que a justifique, pode ser outro indicativo de depressão bipolar. Comparativamente, no TDM, normalmente se observa um curso progressivo do agravamento do transtorno.

Pesquisadores vêm estudando as diferenças entre os episódios de depressão do TB I e episódios depressivos do TDM, mas, segundo Sadock et al. (2015), as diferenças são ilusórias. A investigação ainda necessita confiar na história do cliente e de sua família, bem como no curso futuro do transtorno para diferenciar as duas condições. Por esse motivo, infelizmente, temos observado relatos de diagnósticos equivocados de depressão "unipolar", pois na maior parte das vezes os psicoterapeutas ou não se mostram preocupados, ou não foram adequadamente treinados no aprofundamento da investigação diagnóstica. Vemos esse erro como sendo de grande relevância, e que pode produzir consequências graves.

A psicoterapia enquanto modalidade única de tratamento tem apresentado resultados desfavoráveis no tratamento do TB, tendo um papel bastante coadjuvante (Saffi, Abreu & Lotufo Neto, 2009). Até o presente momento poucas pesquisas de resultado foram publicadas testando psicoterapias no tratamento do TB. Normalmente os ensaios clínicos randomizados nesse transtorno trazem sempre a associação da medicação à modalidade de psicoterapia provada, o que torna difícil mensurar a medida do efeito em separado da psicoterapia. Citamos alguns estudos de terapia cognitivo-comportamental (Lam et al., 2005; Lam et al., 2003), terapia interpessoal e terapia do ritmo social (Frank et al., 2005) e tratamento focado na família (Miklowitz et al., 2003; Miklowitz et al., 2007; Miklowitz et al., 2008; Miklowitz et al., 2013). Isso porque restam poucas dúvidas de que os medicamentos como os estabilizadores de humor, os anticonvulsivantes e os antipsicóticos atípicos reduzam as taxas de recaída e melhorem o funcionamento dos clientes (Miklowitz et. al., 2003).

Esse fato não deveria mesmo desestimular a aplicação da BA durante o episódio atual da depressão bipolar, posto que as habilidades ensinadas, como monitoramento de comportamentos de enfrentamento e de esquiva passiva, servirão como potenciais solucionadoras para problemas futuros. O TB do tipo II traz caraterísticas favoráveis à aplicação da psicoterapia. A hipomania do TB tipo II, por exemplo, por não ser psicótica, demonstra algum grau de organização do funcionalmente do cliente, favorável à psicoterapia.

Outrossim, pelo fato de o terapeuta BA assistir semanalmente o cliente, tem melhores condições de identificar e monitorar as mudanças abruptas de humor, e mesmo os efeitos dos remédios prescritos. Vale lembrar que no Brasil, tradicionalmente, têm sido outros médicos não psiquiatras, portanto sem treinamento em saúde mental, os responsáveis pelo tratamento da depressão (p. ex., clínicos gerais). Depreende-se daí uma grande prescrição incorreta de medicamentos durante o curso da depressão bipolar, sob extenso uso de antidepressivos. O antidepressivo na depressão bipolar pode causar ciclagem para fase de mania e, pior, devido à rápida desregulação de humor produzida, tem potencial para impulsionar uma tentativa de suicídio. Quando identifica esse problema, o terapeuta BA pode incentivar o cliente a procurar um médico psiquiatra para rever o diagnóstico e a medicação corrente. Na prática, historicamente, coube ao psiquiatra o tratamento dos clientes mais graves sob diagnóstico do TB.

A integração da farmacoterapia com a BA pode se mostrar como um caminho clínico bastante promissor no TB.

Capítulo 4
A ativação comportamental na terapia cognitiva

Na década de 1960 a clínica teve seu campo gradativamente dominado pelo modelo cognitivo para tratamento da depressão de Aaron Beck (Beck, 1963; 1970; Beck et al., 1979). A terapia de Beck foi inicialmente chamada de terapia cognitiva para depressão. Anos mais tarde a conceituação cognitiva de outras psicopatologias foi formulada e as técnicas passaram também a ser aplicadas de forma adaptada a outros transtornos (Duran et al., 2019).

O modelo de Beck afirma que clientes depressivos desenvolveriam esquemas cognitivos (referidos como crenças centrais) na tenra infância que os predisporiam a interpretações negativas dos eventos cotidianos (referidas como distorções cognitivas ou pensamentos automáticos). As interpretações negativas distorcidas predisporiam a pessoa a desenvolver sintomas da depressão (Beck et al., 1979). Portanto, os sintomas depressivos seriam função das interpretações distorcidas dos eventos cotidianos causadas por esquemas cognitivos disfuncionais (Saffi, Abreu & Lotufo Neto, 2011). A eficácia da terapia cognitiva para a depressão foi sendo reconhecida (Jacobson & Hollon, 1996), sobretudo quando associada à medicação (Elkin, 1994), passando a ser largamente empregada nas décadas seguintes por clínicos e pesquisadores. Na década de 1980, parte dos terapeutas comportamentais interessados na depressão começou a incorporar as conceituações e técnicas cognitivas em seus protocolos (Abreu, 2006).

A ATIVAÇÃO COMPORTAMENTAL COMPONENTE DO MANUAL DE TERAPIA COGNITIVA PARA DEPRESSÃO

Beck et al. (1979) incorporaram a ativação comportamental (BA) como o componente inicial de seu manual de terapia cognitiva para o tratamento da depressão, chamando-o de "técnicas comportamentais". A ideia da utilização da BA com clientes gravemente depressivos é restaurar um funcionamento mínimo para que eles então consigam responder às técnicas cognitivas direcionadas à mudança de pensamentos. Nesse sentido, existiria a necessidade de o cliente sair da cama e se envolver em atividades diárias mínimas, como a organização da casa ou o cumprimento de pequenas responsabilidades. Nessa fase inicial de tratamento o cliente pode apresentar crenças de desesperança e ceticismo relacionadas à possibilidade de qualquer mudança orientada pela terapia. A pessoa geralmente traz crenças de que é fraco ou inútil. No entanto, à medida que começa a apresentar as primeiras mudanças de comportamento sob a agenda da BA, pode passar a acreditar na melhora e se envolver com a terapia.

Os autores enfatizam que não é o efeito direto da alteração de humor relacionada à mudança de comportamento que é o foco da sua análise cognitiva, mas o efeito das atividades sobre as crenças distorcidas do cliente. Segundo Beck et al. (1979),

> "O objetivo último dessas técnicas [comportamentais] na terapia cognitiva é a produção de mudanças nas atitudes negativistas, a fim de que o desempenho do paciente continue a se aprimorar. De fato, os métodos comportamentais podem ser encarados como uma série de pequenos experimentos destinados a testar a validade de hipóteses ou ideias do paciente acerca de si mesmo." (p. 107)

De acordo com os autores, a mudança de comportamento em si não altera as cognições negativistas tendenciosas do cliente depressivo, mas oferece oportunidades para que ele avalie empiricamente suas ideias distorcidas de inadequação e incompetência. Beck et al. (1979) são categóricos ao afirmar que as "técnicas behavioristas de condicionamento" são limitadas pois, segundo eles, restringem-se ao "comportamento observável", com exclusão seletiva de foco nas atitudes, crenças e pensamentos do cliente.

Essa compreensão dos autores do que sejam as explicações comportamentais é bastante rasa e equivocada e, a nosso ver, pode ter freado maiores avanços na integração de procedimentos comportamentais e cognitivos da terapia cognitiva da depressão. Conforme exposto no capítulo 3 sobre a filosofia da BA-IACC, o conceito de comportamento behaviorista envolve pensamentos e sentimentos, pois eles são legítimas relações do depressivo com o seu ambiente. Portanto, a compreensão de Beck et al. (1979) foi bastante desviante e, na nossa opinião, desonesta, posto que os autores não se furtaram em incorporar a BA de Lewinsohn em seu manual de terapia cognitiva (Abreu, 2006). Essas críticas infundadas impulsionaram muitas outras, mas o fato é que nenhuma proposta séria em psicoterapia descartaria a análise e a intervenção em pensamentos e sentimentos. Na BA sob a perspectiva analítico-comportamental, pensamentos e sentimentos são atividade em contexto e, portanto, não podem ser a causa da depressão, mas, antes, parte daquilo que precisa ser explicado.

O PLANEJAMENTO DAS ATIVIDADES SEGUNDO A BA NO MANUAL COGNITIVO DE BECK ET AL. (1979)

Na condução da BA orientada pela agenda diária de atividades, o terapeuta solicita ao cliente em depressão que participe de pequenos experimentos para determinar se, e em quais atividades, ocorrem a redução das preocupações e a melhora do estado de ânimo. O cliente é orientado a observar pensamentos e sentimentos ao se envolver nas atividades. Uma hierarquia de tarefas de acordo com a sua dificuldade é planejada e anotada, para seleção posterior e designação na agenda. O terapeuta explica repetidamente que o objetivo não é necessariamente completar as tarefas, e tampouco esperar alívio sintomático, enfatizando que o funcionamento do aprimoramento frequentemente vem antes do alívio sintomático.

A ideia é que o terapeuta evidencie o progresso para o cliente a partir dos dados levantados, desafiando com isso as crenças iniciais de desamparo. Ademais, ao avaliar o grau de satisfação, o cliente pode gradativamente ficar mais sensível a esse sentimento que foi produzido na execução das atividades. Essas experiências vão desafiar suas crenças de que não é capaz de sentir prazer.

O componente de BA de Beck et al. (1979) é conduzido e monitorado pelas escalas de domínio e prazer para cada uma das atividades ao longo do dia. A escala de domínio se refere a uma gradação que pode ir de 0 a 5, representativa do grau em que o cliente conseguiu desempenhar bem uma determinada tarefa. A escala de prazer, também aferida em um *continuum* de 0 a 5, representa o grau de satisfação do cliente em ter se engajado nas atividades agendadas.

A ideia de criar a escala de domínio se deve ao fato de que muitas das atividades, especialmente do início da terapia, não pontuam qualquer grau de prazer. Tome como exemplo uma dona de casa em depressão severa, que anteriormente ao desenvolvimento do episódio depressivo organizava e cuidava do lar e da família, e que, sob o compromisso do agendamento, começa a retornar às suas atividades, realizando uma tarefa simples como arrumar um cômodo menos bagunçado. Esse tipo de retorno ao trabalho não costuma trazer prazer. Contudo, dentro da história dessa cliente essa é uma atividade relevante. A tarefa é desafiadora, mesmo tendo sido fracionada em níveis de mais fácil execução. É possível que os primeiros esforços dessa cliente, ainda que não pontuem prazer, possam pontuar domínio na realização da tarefa. Essa escala tem, portanto, o objetivo de evidenciar os efeitos da realização da atividade. O sucesso na realização da tarefa advém da adequada graduação do nível de desafio. Nesse sentido, é importante que o terapeuta e o cliente se certifiquem de que a atividade agendada tem boa chance de ser executada, ao menos em alguma medida.

UM RETORNO DA ATENÇÃO DOS PESQUISADORES E TERAPEUTAS À BA: NOVAS PESQUISAS

No final da década de 1990, as atenções de pesquisadores e terapeutas voltaram-se novamente para BA "pura" devido à pesquisa conduzida por Jacobson et al. (1996) com uma amostra de 150 sujeitos diagnosticados com depressão. Os resultados da pesquisa foram publicados na sessão Special Feature do *Journal of Consulting and Clinical Psychology*.

Os autores analisaram o resultado da aplicação dos componentes isolados da terapia cognitiva do manual de Beck et al. (1979), designando a amostra randomicamente entre três situações de tratamento clínico, organizadas de acordo com os diferentes componentes do manual (ou combinação de componentes). As condições foram as seguintes:

A. O componente de BA. O nome "ativação comportamental" foi cunhado nesse momento histórico, sendo posteriormente estendido para se referir aos diversos tratamentos comportamentais da depressão orientados pela agenda de atividades. A BA componente da terapia de Beck et al. (1979) envolve a identificação de problemas cotidianos específicos com o objetivo de se propor tarefas de acordo com o grau de dificuldade. Os participantes deveriam monitorar as atividades diárias, pontuando as escalas de "domínio e prazer" referentes a cada atividade.
B. Os componentes BA e de restruturação cognitiva de pensamentos automáticos (AT, do inglês *automatic thoughts*), em que inicialmente seria conduzida a fase BA para a seguir progredir para identificação e modificação dos AT ocorridos nas situações específicas. Aqui os terapeutas utilizariam técnicas como a recordação do pensamento disfuncional, o exame de sua validade e base, seu teste empírico e a prática de respostas mais apropriadas quando de seu aparecimento.
C. O pacote completo da terapia cognitiva (TC), composto pelos componentes de BA, restruturação cognitiva de AT e restruturação cognitiva das crenças centrais. Nessa condição o terapeuta poderia usar qualquer uma das estratégias dos outros componentes e também trabalhar para modificar as crenças centrais sobre o *self*, o mundo e o futuro. Foram conduzidas 20 sessões de cada modalidade de tratamento.

Os resultados não mostraram nenhuma diferença estatisticamente significativa nos índices de melhora dos sujeitos expostos às três condições terapêuticas. Dentro do percentual dos sujeitos que completaram o tratamento (n = 137), 62% da amostra submetida ao BA apresentou resultados no Inventário de Depressão de Beck – segunda edição (BDI-II) que não mais lhe qualificou como tendo depressão (BDI-II < 8); na situação AT 64,1% apresentou resultados semelhantes; e na situação de terapia cognitiva completa, 70,8%. Nenhuma diferença significativa entre os tratamentos foi também encontrada no estudo de seguimento de 2 anos (Gortner et al., 1998). Esse fato permitiu questionar a conceituação cognitiva de que a melhora real do quadro clínico seria atingida plenamente somente com a modificação das crenças centrais (Jacobson & Gortner, 2000). Em seu conjunto os resultados desses estudos sugerem a não necessidade das intervenções cognitivas para o tratamento efetivo da depressão (Martell et al., 2001).

Após o sucesso das pesquisas, Martell et al. (2001) lançaram um manual contendo uma nova proposta de BA no tratamento para depressão, chamada também de BA (sua formulação teórica é discutida no Capítulo 1).

Em 1999 foi iniciado um novo delineamento de pesquisa que compararia a BA "expandida" conforme o manual de Martell et al. (2001), a terapia cognitiva e a paroxetina (Dimidjian et al., 2006; Dobson et al., 2008). O termo "expandida" foi adotado devido à ênfase dessa proposta de BA nos comportamentos de fuga e esquiva. Um dos objetivos do estudo seria apresentar a nova BA como uma alternativa efetiva de tratamento da depressão (Jacobson & Godner, 2000).

Foi o maior estudo sobre terapias para depressão já realizado naquele momento, contando com uma amostra de 241 adultos depressivos, tratados ao longo de 16 semanas. Anteriormente a essa pesquisa foi conduzido um estudo pela agência americana National Institute of Mental Health Treatment of Depression Collaborative Research Program (TDCRP) com 250 sujeitos com depressão unipolar, cruzando terapia comportamental-cognitiva, imipramina mais manejamento clínico, terapia interpessoal, e pílulas placebo controle (Jacobson & Hollon, 1996).

A pesquisa contou com terapeutas cognitivos que já haviam tido treinamento no Center of Cognitive Therapy in Philadelphia de Aaron Beck. Dos três terapeutas convidados, dois haviam sido treinados nesse centro e o terceiro ainda continuava seus estudos. Também foram utilizadas pílulas placebo no grupo controle com o objetivo de se evitar as possíveis críticas normalmente direcionadas aos estudos comparativos entre terapias e medicação (Jacobson & Hollon, 1996).

A análise focou na comparação dos resultados das três condições de tratamento em dois grupos estratificados: os participantes com depressão leve e os participantes com depressão de moderada a severa. Os resultados na melhora dos participantes que receberam BA foram os mesmos dos que receberam a medicação, mesmo entre os mais severamente depressivos. Pacientes designados para a BA permaneceram mais tempo em tratamento comparativamente com os que receberam medicação. A BA foi também superior à terapia cognitiva no tratamento dos pacientes severos. Não houve diferença significativa entre as três modalidades de tratamento no caso de pacientes com depressão leve.

Os resultados de um estudo de seguimento de 2 anos indicaram que os benefícios da BA, semelhantemente aos da terapia cognitiva, ajudaram a prevenir recaídas e episódios futuros de depressão, sendo comparáveis aos índices dos pacientes que não suspenderam a medicação (Dobson et al., 2008). Já os pacientes designados para medicação tiveram maiores taxas de recaída ao longo do segundo ano de tratamento quando comparadas às dos pacientes submetidos anteriormente a BA ou a terapia cognitiva (Dimidjian et al., 2006; Dobson et al., 2008).

Young et al. (2008), mais tarde, criticaram o estudo de Dimidjian et al. (2006) com a afirmação de que a duração da terapia cognitiva praticada estava na extremidade menor de duração recomendada para o tratamento de terapia cognitivo-comportamental (TCC). Segundo esses autores, de 15 a 25 semanas tem sido o recomendado, e a pesquisa utilizou 16 semanas. Essa crítica não tem grande sustentação posto que o período ótimo recomendado foi contemplado, além de que, ainda que estivessem corretas, a BA mesmo assim teria provado ser um tratamento mais rápido e, portanto, de melhor custo-efetividade para a depressão de moderada a severa.

Recentemente Lorenzo-Luaces e Dobson (2019) publicaram um artigo em que reanalisaram os mesmos dados do estudo seminal de Jacobson et al. (1996) que testou as condições da BA-componente *versus* a TC completa. Os dados foram analisados sob o mesmo método adotado no estudo de Dimidjian et al. (2006). Uma outra inovação veio na estratificação da amostra por alta severidade (HRSD $\geq$ 20) e baixa severidade (HRSD $\leq$ 19) a partir da Escala Hamilton de Depressão (HRSD). Os resultados dos tratamentos mudaram ao longo do tempo, pontuados a partir do HRSD e do BDI-II. Os testes de moderação por severidade como variável medida continuamente (com o BDI ou o HRSD) falharam em encontrar maior efetividade da BA no tratamento de depressivos severos. Nenhuma diferença também foi encontrada no período de seguimento. A conclusão a que os autores chegaram é que os resultados de Dimidjian et al. (2006) não replicaram a superioridade da BA sobre a TC.

Apesar de esse estudo ser bastante notório por envolver Keith Dobson na coautoria, renomado terapeuta cognitivo coautor dos estudos de Jacobson et al. (1996) e Dimidjian et al. (2006), vemos na sua conclusão um erro fundamental de análise. As BA aplicadas nos dois estudos seminais citados não foram a mesma terapia, portanto, estamos falando de diferentes variáveis independentes. A BA-componente aplicada no estudo Jacobson et al. (1996) foi uma versão adaptada à perspectiva cognitiva de Beck et al. (1979). Já a terapia aplicada em Dimidjian et al. (2006) foi uma proposta de terapia funcionalmente-orientada, chamada no estudo de BA expandida, pois envolveu a análise e a intervenção prioritária nos comportamentos de fuga e esquiva. Desse modo, continuam sendo válidos os resultados de Dimidjian et al. (2006), que atestam a superioridade da BA sobre a terapia cognitiva em estratos mais severos.

ALGUMAS DIFERENÇAS CONCEITUAIS E ANALÍTICAS ENTRE A BA E A TERAPIA COGNITIVA PARA DEPRESSÃO: O CASO DAS RUMINAÇÕES

Uma contribuição relevante trazida no manual de BA de Martell et al. (2001) foi a análise da queixa trazida nas ruminações. As ruminações são comportamentos bastante prevalentes durante o episódio depressivo maior. Os autores propuseram seu modelo comportamental de depressão em contraponto com o modelo cognitivo *mainstream* de Beck et al. (1979). No modelo de Beck et al. os pensamentos distorcidos teriam papel preponderante na etiologia da depressão. As ruminações dentro desse modelo seriam pensamentos igualmente distorcidos, não consistentes com uma interpretação mais lógica da realidade. A Tabela 3 mostra um modelo de episódio envolvendo um recorte cognitivo do fluxo das ruminações, conforme (Abreu & Abreu, 2015).

Tabela 3 Modelo causal cognitivo para pensamentos ruminativos

Pensamento distorcido ou crença (determinante ou evento causal)	Comportamento ou sintoma (determinado ou evento causado)
"Eu sou muito burro e covarde"	Fala mal do professor para os amigos Passa mais tempo distraído ao telefone celular durante a aula Disforia e ansiedade

Alternativamente ao modelo de Beck et al. (1979), a BA de Martell et al. (2001) procura entender a função do processo de ruminar, ou seja entender suas relações com os eventos contextuais antecedentes e consequentes. Os autores afirmaram que embora o conteúdo das ruminações seja repleto de interpretações errôneas da realidade, interessa para a BA o processo de ruminar em si, e não tanto o seu conteúdo. Nesse sentido os terapeutas BA dão menos importância à forma da resposta, também referida como sua topografia. Assim, o mesmo recorte de pensamento pode ser ilustrado sob a perspectiva comportamental, conforme a Tabela 4.

Tabela 4 Modelo causal analítico-comportamental

Estímulo discriminativo (determinante)	Comportamento (determinado)	Consequências (determinante)
Nota baixa na prova	"Eu sou muito burro e covarde" Fala mal do professor para os amigos Passa mais tempo distraído ao telefone celular durante a aula Disforia e ansiedade	Consegue atenção dos amigos Não precisa discutir com o professor Não precisa estudar para melhorar o seu desempenho na disciplina

Comumente, as circunstâncias das quais o cliente se esquiva produzem sentimentos de disforia e ansiedade. O ruminar é visto como parte de uma classe mais ampla de evitação de alguma atividade que é aversiva para o cliente. Assim, conforme ilustra a Tabela 4, um cliente que tirou nota baixa na prova passa a ruminar "eu sou muito burro e covarde". Ele pode estar se esquivando de alguma atividade aversiva. Outros comportamentos de esquiva poderiam estar relacionados a essas ruminações, como faltar na aula, chegar atrasado, ficar ao celular, falar mal da disciplina para os amigos. O ruminar, bem como os comportamentos associados, produz consequências. Ao ruminar, o cliente pode estar evitando ter que estudar, discutir a nota da prova com o professor, ou mesmo pensar como se sentiu injustiçado. Pode também produzir a atenção dos amigos que de forma inadvertida acolhem a reclamação.

Indiferentemente de o conteúdo da ruminação ser distorcido da realidade ou não, esse pensamento acontecerá sempre em um contexto. E embora o ato de ruminar possa produzir estimulação aversiva, ele pode estar a serviço da evitação de algo muito pior, como enfrentar o problema crítico que levou o cliente à depressão (Martell et al., 2001). A pergunta que Martell et al. incentivam o cliente e o terapeuta a fazerem é o que o cliente está evitando, inconscientemente ou deliberadamente, quando começa a ruminar. A ruminação, nessa concepção, é vista como uma esquiva passiva, ou comportamento de enfrentamento secundário, conforme os autores preferem chamar (Martell et al., 2001).

TURBINANDO A TERAPIA COGNITIVA PARA DEPRESSÃO

Muitos terapeutas cognitivos estão tão honestamente inclinados a acreditar na sua perspectiva teórica quanto os ativadores comportamentais estão em acreditar na perspectiva comportamental da BA. Contudo, mesmo adotando a terapia cognitiva como intervenção primária, esses terapeutas podem querer melhorar a qualidade da aplicação e da análise do componente de BA trazido na terapia cognitiva. Não vemos isso como um problema, pois acreditamos que, para muito além da competição entre perspectivas teóricas, está o comprometimento clínico e ético com os clientes que estão em intenso sofrimento.

Acreditamos que é possível dar uma grande ênfase à BA durante a aplicação da terapia cognitiva, e que esse esforço pode favorecer melhores desfechos de caso, especialmente em clientes com depressão de moderada a grave. A ênfase na identificação e na análise funcional dos comportamentos de fuga e esquiva pode ser de enorme utilidade nesse sentido. Da mesma forma, é muito útil a ênfase na aprendizagem de padrões comportamentais alternativos de enfrentamento dos problemas que levaram o cliente a desenvolver a depressão.

O sucesso do cliente na resolução de problemas muda seus padrões de pensar, e esse é um fato que mesmo a interpretação cognitiva mais conservadora não pode perder de vista. O pensamento na teoria da BA é sempre analisado na sua relação com o contexto em que ele ocorre.

Encorajamos os terapeutas cognitivos interessados nessa proposta a enxergar o componente de BA como um conjunto de intervenções que não trazem somente como único objetivo aumentar as atividades prazerosas, mas, antes, resolver também os problemas de comportamento do cliente que estão lhe impedindo de ter contato com fontes estáveis e diversas de reforçamento positivo.

Capítulo 5
Concepção funcional inicial de caso

Durante a abordagem inicial de caso é importante que alguns passos na avaliação sejam seguidos para que o clínico consiga de modo lúcido decidir se o caso em questão pode ser adequadamente atendido em ativação comportamental (BA). Infelizmente temos visto casos em que os terapeutas acabam atendendo seus clientes de acordo com a terapia na qual foram treinados, ou com a qual possuam alguma afinidade intelectual. Dessa forma, por exemplo, um terapeuta que teve seu treinamento focado na terapia de aceitação e compromisso (ACT) acaba por atender toda e qualquer queixa clínica de seus clientes sob a perspectiva e técnicas prescritas por esse sistema psicoterápico. Entrariam nesse pacote depressão, ansiedade, transtorno obsessivo-compulsivo, dificuldades de inter-relacionamento, bem como outros diagnósticos e problemas de comportamento. Inúmeras dificuldades podem advir desse tipo de conduta clínica, como o simples fato de se optar muitas vezes por uma intervenção que pode não ser adequada ao tratamento da queixa trazida pelo cliente (Abreu & Abreu, 2017a). No Capítulo 16 sobre o manual BA-IACC e a quarta geração de terapias comportamentais discutiremos com maior detalhamento algumas consequências negativas desse tipo de postura clínica.

O que há de mais fundamental durante a formulação da concepção inicial de caso é que o cliente seja diagnosticado com depressão, como o transtorno depressivo maior (TDM), ou mesmo o transtorno depressivo persistente. A BA foi desenvolvida especificamente para atender a esse tipo de demanda clínica, embora correntemente algumas adaptações para o tratamento da ansiedade estejam sendo investigadas (Hopko, Robertson & Lejuez, 2006; Jakupcak et al., 2006; Mulick, Landes & Kanter, 2005).

Durante a entrevista inicial, o terapeuta necessita investigar funcionalmente o repertório comportamental global do cliente, antes mesmo de se certificar de que o caso poderia de forma coerente e segura ser designado para atendimento em BA, a despeito de ser identificada uma depressão. O terapeuta precisa investigar, sobretudo, para além do diagnóstico nosológico, os comportamentos envolvidos nas queixas e seus determinantes contextuais. Essa avaliação seria pré-requisito na escolha da terapia mais adequada no tratamento dos problemas que o cliente traz. E mais do que somente na concepção inicial de caso, a análise de contingências, sempre feita ao longo de todo o tratamento, apontaria possibilidades de intervenções para cada situação.

Como referencial de consulta para avaliação das variáveis relevantes na concepção inicial de caso com depressivos usamos o modelo proposto por Martell et al. (2001), feito com base em Fester (1973). Esse modelo traz grande foco no repertório de esquiva passiva desenvolvida na depressão. Considere o caso de um cliente que chamaremos aqui de Pedro. Descreveremos seu caso com o objetivo de ilustrar melhor o passo a passo da formulação da concepção inicial de caso. A Figura 1 apresenta o modelo da depressão do cliente.

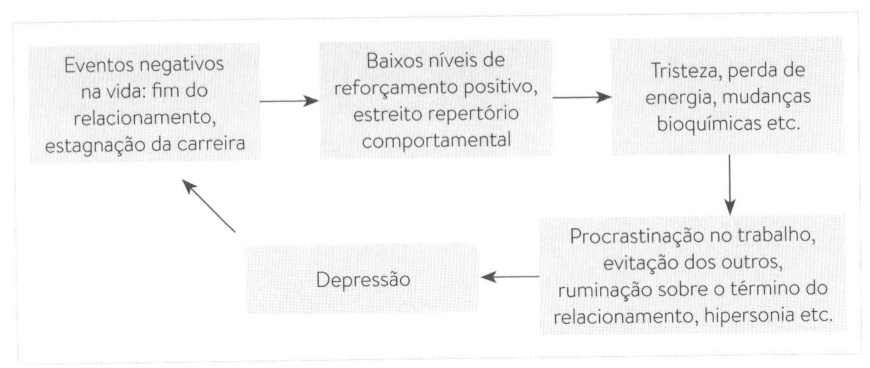

Figura 1 Modelo de depressão adaptado de Martell et al. (2001).

De acordo com esse modelo, eventos negativos na vida resultariam em baixos níveis de reforçamento positivo e repertórios comportamentais limitados. Assim, a produção de reforçadores positivos diminuiria e a variabilidade comportamental se estreitaria, levando a pessoa a vivenciar sentimentos de disforia e mudanças fisiológicas. Esse contexto leva a pessoa a desenvolver um repertório de esquiva passiva que, embora não seja a causa da depressão, pode manter o cliente cronicamente enfermo.

Para a investigação criteriosa dos itens que irão compor esse esquema, usamos associada a concepção de avaliação funcional de Sturmey (1996). Ao longo de dez tópicos, diretrizes consistentes norteariam a identificação detalhada e a análise funcional dos comportamentos de enfrentamento e de esquiva passiva envolvidos na depressão.

Na formulação, Sturmey (1996) prescreve alguns pontos importantes a serem avaliados logo nas primeiras sessões. São eles: (1) organizar uma descrição geral do caso, em até 250 palavras; (2) fazer uma organização breve em termos demográficos e psiquiátricos do problema; (3) operacionalizar os comportamentos-alvo; (4) operacionalizar e exemplificar os antecedentes; (5) operacionalizar e exemplificar as consequências; (6) fazer a distinção entre as variáveis instaladoras e mantenedoras do problema; (7) apresentar uma breve história do início do problema e como os comportamentos envolvidos aumentaram ou diminuíram de frequência ao longo do desenvolvimento do cliente; (8) identificar possíveis ganhos secundários; (9) apresentar a função dos comportamentos em termos dos propósitos a que eles servem; e, finalmente, (10) escolher o tratamento protocolar mais adequado.

No caso de Pedro, observamos a sistematização a seguir.

ORGANIZAR UMA DESCRIÇÃO GERAL DO CASO, EM ATÉ 250 PALAVRAS

Na organização geral de caso pudemos constatar que Pedro havia desenvolvido o TDM um pouco antes de romper um relacionamento estável de namoro de aproximadamente 2 anos. Pedro, de 30 anos, vinha vivenciando estresse conjugal junto à namorada. Ele apresentava medo de voar incapacitante ainda que já tivesse viajado de avião duas vezes. Sempre que possível, preferia carro ou ônibus. Relatou que as escolhas do que comer, o que fazer ou onde passear normalmente eram feitas pela namorada, motivo de irritação da parceira. Pedro contou que vinha bastante desanimado com seu trabalho, ponderando se não seria o caso de fazer uma nova graduação, ou mesmo uma pós-graduação que pudesse dar um novo redirecionamento para a carreira. A namorada participava das reclamações, julgando-o passivo perante o descontentamento. Tinha discussões regulares envolvendo as acusações, como o seu desinteresse em perder o medo de voar por um "objetivo maior do casal em viajar pelo mundo", sua pouca iniciativa nas escolhas do dia a dia, além da indefinição e do descontentamento com a carreira. Um pouco antes do término do relacionamento, e sob intensa disforia, Pedro já havia se aconselhado com um médico parente da família, e também com o mesmo médico psiquiatra que atendia seu irmão. Na ocasião não revelou as consultas para a namorada por medo de retaliação, pois ela desaprovava prontamente que o profissional fosse da família, ou diretamente envolvido no tratamento do cunhado. A namorada o acusou de mentiroso quando descobriu toda a história, declarando que não conseguiria mais se relacionar com alguém que lhe escondesse a verdade.

Pedro iniciou o tratamento com muita esperança e bastante determinado a conseguir resgatar o relacionamento, mesmo sob intensa mágoa.

FAZER UMA ORGANIZAÇÃO BREVE EM TERMOS DEMOGRÁFICOS E PSIQUIÁTRICOS DO PROBLEMA

Pedro pontuou 28 no Inventário Beck de Depressão (BDI-II; Beck, Steer & Brown, 1996), portanto, com indicação de depressão moderada. O mesmo diagnóstico foi dado pelo médico psiquiatra com quem se consultou. Sentia-se triste a maior parte do tempo, desencorajado com relação ao seu futuro profissional e afetivo, desmotivado em um quadro de anedonia, cansado e acordando muito mais tarde do que o habitual.

Contou que tinha um irmão mais novo que já havia sido internado repetidas vezes sob o diagnóstico de depressão, fato que trazia muitos conflitos e preocupações para toda a família. Seu pai também tomava remédio antidepressivo prescrito por um médico. Segundo o DSM-5, parentes em primeiro grau teriam risco 2 a 4 vezes maior de desenvolverem TDM (5th ed.; DSM-5; American Psychiatric Association, 2014).

O cliente apresentava comportamentos depressivos há mais de 2 semanas. Preenchia a maior parte dos nove critérios do DSM-5 para TDM, dentre os quais humor deprimido a maior parte do tempo, diminuição do interesse e do prazer associado às atividades, desregulação do sono, fadiga e falta de energia, culpa excessiva, capacidade de concentração comprometida e muita indecisão. Negou histórico de episódios pregressos de mania ou hipomania, abuso atual de substâncias ilícitas e remédios, e não vinha apresentando nenhuma outra condição orgânica de base que pudesse justificar os sintomas.

OPERACIONALIZAR OS COMPORTAMENTOS-ALVO

Na Escala de Depressão para Ativação Comportamental, versão estendida (BADS; Kanter et al., 2006; Kanter et al., 2009), o cliente pontuou 49, dentro de uma escala que vai de 0 a 150, em que 0 seria a pontuação de uma pessoa com alta frequência de comportamentos de esquiva, e 150 a pontuação de alguém com alta frequência de comportamentos de enfrentamento (chamados também de comportamentos de ativação). Embora até o presente momento essa escala não traga linhas de corte intermediárias com relação ao nível de depressão do cliente (p. ex., depressão leve, moderada ou severa), sua análise qualitativa apontou alguns comportamentos de esquiva passiva desenvolvidos ao longo do curso do TDM.

O cliente relatou concordar de que ficava a maior parte do tempo na cama mesmo tendo coisas para fazer, levantando às 11 horas da manhã, quando precisava estudar para concurso e fazer academia.

Ficava preocupado a maior parte do tempo, ruminando sobre o que poderia ter feito de diferente para não perder o amor da namorada, ou mesmo remoendo as acusações injustas das quais se sentia vítima. Embora pensasse muito, nunca tentou executar qualquer solução.

Ficava quieto mesmo na presença dos amigos, situação na qual habitualmente se reconhecia como uma pessoa relativamente interativa. Limitava-se a responder às perguntas sobre o término do relacionamento. Chegava mesmo a sentir que estava afastando as pessoas com sua negatividade.

Da mesma forma, ainda que estivesse indo assistir aos jogos do seu time de futebol, não conseguia sequer acompanhar a partida, pois ficava envolvido em ruminações durante extensa parte do jogo.

No trabalho, as ruminações eram sobre os problemas que via na sua carreira profissional, e essas preocupações o levavam a não conseguir dar seguimento atento às tarefas do dia a dia. Segundo relatou, pensava no término do relacionamento em 80% de seu tempo, e nos outros 20% restantes acabava pensando nas incertezas sobre a sua carreira. Sua preocupação estava lhe roubando toda a atenção e motivação no trabalho. Sua produtividade ficou muito limitada nos últimos tempos.

OPERACIONALIZAR E EXEMPLIFICAR OS ANTECEDENTES

Embora viesse acordando às 11 horas todos os dias, relatava que acabava despertando pela manhã muitas vezes antes desse horário, porém, sabendo que já era o início do dia pela claridade, acabava voltando a dormir. O amanhecer foi o antecedente para voltar a dormir.

As ruminações com conteúdos sobre suas inadequações no relacionamento aconteciam diante de muitas circunstâncias relacionadas ao término e, em maior frequência, quando recebia uma nova negativa da ex-namorada, fosse em uma conversa privada nas redes sociais, fosse em uma chamada telefônica, ou mesmo pessoalmente. O cliente tentava contato repetidas vezes ao longo do dia.

Ficava a maior parte do tempo ruminando quando estava na presença dos amigos, como nos jogos de futebol. Segundo relatou, a interação social de forma interessada era extremamente desafiadora. A mesma dificuldade de concentração ocorria no atentar para a partida de futebol.

Relatou que no momento em que estava à frente do computador no trabalho não tinha qualquer motivação para iniciar o dia, ruminando sobre o quanto não gostava das tarefas, ou mesmo sobre sua falta de perspectiva profissional. Mostrava-se insatisfeito com sua carreira.

OPERACIONALIZAR E EXEMPLIFICAR AS CONSEQUÊNCIAS

Ficar na cama muito tempo não proporcionava um sono reparador. E ao ficar por mais tempo na cama, não necessitava ter contato com os familiares ou as circunstâncias de demanda da rotina do dia a dia, como o estudo para o concurso ou a ida à academia.

As frequentes ruminações relacionadas ao término mantinham o cliente em contato com a ex-namorada.

Ao ficar reservado mesmo na presença de outras pessoas, evitava ter que responder com detalhes sobre sua situação amorosa, ou mesmo iniciar uma longa cadeia de críticas à ex-namorada, o que sempre terminava deixando-o muito mal.

Por último, a ruminação sobre o descontentamento com o trabalho, sempre diante do computador, era incompatível com a realização das tarefas. Como consequência, não entrava em contato com a estimulação aversiva envolvida na demanda laboral.

FAZER A DISTINÇÃO ENTRE AS VARIÁVEIS INSTALADORAS E MANTENEDORAS DO PROBLEMA

O quadro de hipersonia iniciou nos dias em que o cliente ficou acordado de madrugada mexendo no celular, ou assistindo à televisão. Tinha as manhãs livres de trabalho nesse período. Atualmente, essas esquivas estavam sobre o controle de ter que levantar pela manhã, interagir com as pessoas e resolver as demandas cotidianas.

As ruminações começaram abertamente na interação com a ex-namorada, que frequentemente sinalizava os comportamentos inadequados do cliente, e a quem ele direcionava também suas reclamações sobre as críticas injustas. Em momentos de maior carência e vulnerabilidade, o cliente acabava admitindo seus erros, comprometendo-se a mudar. Quando não aceitava as acusações da ex-namorada, engajava-se também em críticas. Atualmente as ruminações apareciam como autoacusações, culpa excessiva ou brigas imaginárias com a ex-namorada, e estavam sob o controle das negativas muito frequentes da ex-namorada, como quando ela declarava ao telefone que não tinha qualquer motivo para retomar o namoro.

Em um primeiro momento após o término do relacionamento, o cliente contava sobre seu sofrimento para todos os familiares e amigos, obtendo apoio em seus pontos de vista sobre os acontecimentos que levaram ao fim do relacionamento. Em um segundo momento, passou a ser aversivo agir dessa forma, pois a situação com a ex-namorada não havia mudado.

As reclamações sobre as demandas do trabalho já ocorriam antes da depressão, na conversa com os colegas. Nessas ocasiões o cliente procrastinava a realização das tarefas. Atualmente elas aconteciam como ruminações e mantinham o cliente longe do contato com a estimulação aversiva envolvida na resolução das tarefas.

APRESENTAR UMA BREVE HISTÓRIA DO INÍCIO DO PROBLEMA E COMO OS COMPORTAMENTOS ENVOLVIDOS AUMENTARAM OU DIMINUÍRAM DE FREQUÊNCIA AO LONGO DO DESENVOLVIMENTO DO CLIENTE

Os comportamentos-alvo de fuga e esquiva passiva começaram (ou aumentaram de frequência, como no trabalho) quando as acusações da ex-namorada se intensificaram, sendo este o evento "divisor de águas" identificado pelo cliente. O momento em que ele procurou ajuda médica e não obteve apoio da ex-namorada foi lembrado como algo bastante estressante no relacionamento.

IDENTIFICAR POSSÍVEIS GANHOS SECUNDÁRIOS

Atualmente não apresentava ganhos secundários contingentes às suas reclamações, como a atenção de amigos e familiares.

APRESENTAR A FUNÇÃO DOS COMPORTAMENTOS EM TERMOS DOS PROPÓSITOS A QUE ELES SERVEM

Ficar na cama por muito tempo tinha a função de não ter que interagir com os familiares pela manhã, ou mesmo de não ter que estudar para o concurso ou ir à academia.

As ruminações relacionadas ao término e a uma nova negativa da ex-namorada mantinham o cliente ainda em conexão com a ex-namorada. A ausência de comportamento reforçado positivamente por ela servia a um contexto antecedente poderosíssimo. Ruminava mesmo em eventos como o jogo de futebol, e isso mantinha-o ligado à ex-namorada.

Ficar quieto na presença dos amigos tinha a função de não precisar entrar em contato com um novo relato da sua história, com a difícil constatação de pouca chance de retorno do relacionamento.

O ruminar sobre o trabalho tinha a função de procrastinar a resolução das tarefas laborais ou iniciar uma solução para o novo direcionamento da sua carreira.

ESCOLHER O TRATAMENTO PROTOCOLAR MAIS ADEQUADO

O diagnóstico diferencial apontou para o TDM, sem comorbidade. Os comportamentos de fuga e esquiva instalados a partir do desenvolvimento do episódio atual, como as ruminações sobre o término do namoro ou sobre a carreira, e o dormir excessivo, levaram à designação da BA por ser esse um tratamento baseado em evidências adequado para o caso.

É importante frisar que a avaliação funcional de caso pode trazer informações advindas dos comportamentos apresentados pelo cliente em sessão na interação com o terapeuta. Pedro, por exemplo, apresentou em sessão muitas reclamações e grande frequência de culpa dirigida a si mesmo ao longo de toda a entrevista. Descreveu também várias discussões imaginárias com a ex-namorada nas quais fantasiava estar criticando-a severamente por toda a incompreensão, desamor e falta de empatia. Nesses momentos, tinha expressões de revolta e apresentava bastante ironia. Esses comportamentos poderiam ser adequadamente classificados como característicos das ruminações, embora estivessem ocorrendo publicamente na conversa com o terapeuta. Essa hipótese funcional foi confirmada mais tarde ao longo das sessões.

A concepção inicial de caso igual ou similar à de Sturmey (1996) poderia ainda ser facilmente adaptada às concepções de outras terapias de terceira onda que eventualmente demandem integração à BA. Aos dados iniciais conforme a proposta de Sturmey (1996) podem ser acrescidas informações necessárias àqueles sistemas. A concepção de caso pode ser reformulada à medida que transcorrem as sessões de terapia. A revisão da avaliação é um cuidado que não deve ser negligenciado por nenhum terapeuta comportamental.

Capítulo 6

Escalas para medições continuadas dos comportamentos depressivos

Um dos critérios para a adoção da ativação comportamental (BA) em um caso clínico é que o cliente esteja em depressão. Por esse motivo o diagnóstico nosológico precisa ser realizado pelo terapeuta. Como ferramenta bastante útil nessa tarefa, a formulação do diagnóstico ocorre com o auxílio de escalas cujos itens descrevem os comportamentos-problema mais comuns. Martell et al. (2001) prescreveram o emprego do Inventário Beck de Depressão (BDI-II; Beck et al., 1996) para medição do grau de severidade dos sintomas depressivos. Atualmente, essa tem sido uma escala comum a muitos sistemas de psicoterapia orientados ao tratamento da depressão.

INVENTÁRIO BECK DE DEPRESSÃO (BDI-II)

O BDI-II (Apêndice 1) é um instrumento psicométrico relevante, que mostrou confiabilidade na diferenciação de sujeitos depressivos e não depressivos. Ele pode ser entendido como um questionário de baixo custo para a medição do grau de severidade da depressão, validado para a realidade brasileira, com uma ampla aplicabilidade para a pesquisa e a prática clínica (Wang & Gorenstein, 2013). Existe forte suporte empírico para a confiabilidade[3] e a validade[4] da medida com jovens adultos depressivos e não depressivos (Arnou et al., 2001; Carmody, 2005; Dozois, Dobson & Ahnberg, 1998).

O BDI-II consiste em um questionário com 21 itens que abarcam comportamentos como tristeza, desânimo, falta de prazer, ideações suicidas, choro, irritação, dificuldades de tomada de decisão, entre outros. O somatório final é computado a partir de uma escala Likert de 4 pontos. A pontuação total do inventário vai de 0 a 63. Escores até 9 pontos sugerem formas subclínicas de depressão, sendo que, em adolescentes, pode sinalizar depressão leve. Escores de 20 a 29 atestam depressão moderada e escores de 30 a 39 apontam para

3 Confiabilidade é a capacidade da escala de reproduzir um resultado de forma consistente no tempo e no espaço.

4 Validade diz respeito à propriedade que essa escala apresenta em medir de fato aquilo a que se propõe.

depressão severa. Escores iguais ou acima de 40 requerem hospitalização do cliente devido ao risco de suicídio.

Na BA-IACC, é utilizada a aplicação repetida do inventário, feita sempre quinzenalmente, ao modelo de Lejuez et al. (2001). Esse registro do acompanhamento do progresso clínico de caso é interessante por permitir ao terapeuta levantar medidas continuadas. A ideia de realizar as aplicações repetidas é permitir, por meio dos dados levantados, a comparação do nível de depressão que o cliente apresenta no momento presente, e estabelecer uma análise comparativa com o nível apresentado 15, 30, ou 60 dias antes, por exemplo. A comparação do sujeito consigo mesmo é o que há de mais fundamental tanto no método tradicional da pesquisa em análise do comportamento quanto na clínica psicológica.

Clientes depressivos, especialmente nas primeiras sessões, não enxergam os avanços clínicos iniciais. Isso pode ocorrer por uma série de fatores, como o quadro de pouca motivação para iniciar tratamento psicoterápico, irritabilidade influenciada pela privação de sono, falta de esperança, expectativa de "superar" rapidamente a depressão, ou pelo fato de o cliente já ter se frustrado ao tentar outros tratamentos e/ou abordagens. Por meio da comparação dos somatórios das diferentes semanas, é possível dispor para o cliente os dados para que ele possa por si só entender que a evolução clínica está em curso. Também é possível ao terapeuta comparar os avanços, a partir de uma análise qualitativa de cada um dos itens da escala. Por exemplo, se na primeira aplicação o cliente selecionou o "Sinto-me triste o tempo todo e não consigo evitá-lo" e, 3 meses depois, o "Não me sinto triste", algumas perguntas adicionais podem ser feitas, como: "O que você fazia antes que contribuiu para a produção dessa tristeza, e o que você passou a fazer de novo que lhe trouxe consequências positivas, melhorando o seu humor?"

Embora nas primeiras sessões o inventário seja usado como ferramenta no auxílio do diagnóstico nosológico, ele também possibilita ao terapeuta ter uma ideia dos comportamentos correntes no repertório do cliente, permitindo posterior comparação com os comportamentos novos aprendidos ao longo da terapia.

Optamos pela aplicação quinzenal, pois, em nossa experiência, a forma semanal prescrita por Martell et al. (2001) muitas vezes não funcionou, visto a pouca motivação do depressivo, e também a dificuldade de aderência às tarefas de casa trabalhosas, especialmente as que se repetem.

Um problema do BDI-II é que, por ser uma escala formulada a partir dos critérios diagnósticos do DSM-IV-TR, ela é sensível apenas à medição dos sintomas. Essa tem sido uma limitação na psicoterapia, pois, para além do entendimento nosológico, necessitaria ainda a realização de uma caracterização puramente comportamental da depressão. Isso porque, para medir os resultados da terapia comportamental (p. ex., comportamentos como os de ativação e de esquiva), nada mais lógico do que a utilização de instrumentos com critérios formulados a partir de uma concepção de base contextual. Pensando nisso, o nosso manual passou a adotar também escalas de depressão funcionalmente-orientadas desenvolvidas para a BA, como a Escala de Observação de Recompensas Ambientais (EROS; Armento & Hopko, 2007), a Escala de Depressão para Ativação Comportamental (BADS; Kanter et al., 2006; Kanter et al., 2009; BADS-SF; Manos, Kanter & Luo, 2011) e o Índice de Probabilidade de Recompensa (RPI; Carvalho et al., 2011). Aplicamos o EROS, a BADS/BADS-SF e a RPI a cada 4 meses, sempre com o objetivo de comparar o progresso do cliente por meio de medidas continuadas, realizadas em diferentes momentos da terapia. As medidas continuadas em psicologia clínica possibilitam a condução de um processo terapêutico baseado em evidências. O período de 4 meses foi por nós estipulado para que o cliente tenha tempo suficiente de apresentar mudanças no repertório de ativação, e, portanto, nas consequências reforçadoras positivas.

ESCALA DE OBSERVAÇÃO DE RECOMPENSAS AMBIENTAIS (EROS)

Os autores da EROS (Armento & Hopko, 2007) usaram no título o termo "recompensa" em vez de "reforçamento" possivelmente como esforço para alinhar o instrumento com os achados recentes nas pesquisas de neurobiologia do sistema de recompensa (Manos, Kanter & Bush, 2011). A EROS (Apêndice 2) é uma escala de 10 itens do tipo Likert (de 1 = discordo totalmente a 4 = concordo totalmente) que foi desenvolvida a partir do conceito de taxa de respostas contingentes ao reforçamento positivo (RCPR; Lewinsohn et. al., 1976). Seus itens foram formulados para medir o aumento da frequência do comportamento e o afeto positivo que é consequência das experiências de recompensa ambiental. Em termos de dimensões de construtos, o objetivo é medir a magnitude da RCPR ao longo de um extenso período de tempo (alguns meses passados), e inclui itens que acessam três aspectos da RCPR (Lewinsohn et al., 1976), sendo eles: (a) o número de eventos que são potencialmente reforçadores; (b) a disponibilidade dos reforçadores no ambiente; e (c) e o comportamento (habilidade) do indivíduo que produz o reforçamento.

Para a apuração, os itens 2, 5, 6, 7 e 9 devem ser revertidos antes de se realizar o somatório do escore total. Um indivíduo que pontuar o escore máximo chegará a 40 pontos, e um que pontuar o mínimo atingirá 10 pontos (em uma escala que vai de 10 a 40 pontos). Escores altos indicam mais experiências subjetivas de recompensas ambientais (Armento & Hopko, 2007).

Armento e Hopko (2007) encontraram evidência para o fator estrutural, confiabilidade e validade da EROS em uma amostra de estudantes, incluindo o escore EROS que predizem o valor de recompensa sobre o comportamento aberto, acima e além do efeito da depressão, acessado via diário em um período de 7 a 10 dias. A EROS não está validada para a realidade brasileira, portanto, não pode ser usada para função diagnóstica, mas apenas para medições continuadas dos comportamentos do cliente.

ESCALA DE DEPRESSÃO PARA ATIVAÇÃO COMPORTAMENTAL (BADS E BADS-SF)

Outras escalas que usamos em nosso manual e que podem ser aplicadas conjuntamente à EROS (ou alternativamente) são a Escala de Depressão para Ativação Comportamental, versão estendida (BADS; Kanter et al., 2006; Kanter et al., 2009) e/ou a sua versão *short-form* (BADS-SF; Manos et al., 2011).

A BADS (Apêndice 3) foi desenvolvida a partir da revisão das concepções comportamentais de depressão e tratamento trazidos no manual de Martell et al. (2001). O objetivo da sua formulação foi desenvolver itens sensíveis às mudanças semanais nos comportamentos-alvo responsáveis pela mudança clínica. A BADS consiste de 25 itens agrupados em quatro subescalas (Ativação, Esquiva/Ruminação, Prejuízo Trabalho/Escola e Prejuízo Social). As respostas são computadas a partir de uma medida composta por 7 pontos, em um *continuum* que vai de 0 (discordo totalmente) a 6 (concordo totalmente). Para apurar a BADS, todos os itens que não forem de Ativação deverão ter seus índices revertidos antes de se realizar o somatório do escore total. Já para apurar as subescalas, nenhum item deve ser revertido. Esse processo permite altos escores na escala total e também nas subescalas. Em outras palavras, no escore total altos índices representariam um aumento na Ativação, e na subescala de Prejuízo Social, por exemplo, altos escores representariam aumento do prejuízo social. Um indivíduo que pontuar o escore máximo de ativação chegará a 150 pontos, e um que pontuar o mínimo atingirá 0 ponto (em uma escala que vai de 0 a 150 pontos). As quatro subescalas da BADS foram validadas em uma amostra de estudantes (Kanter et al., 2006) e em uma comunidade com elevados sintomas de depressão (Kanter et al., 2009).

A BADS-SF (Apêndice 4) é uma versão breve, derivada da BADS, e com 9 itens (Manos et al., 2011). Utiliza também uma medida que vai de 0 a 6 pontos possíveis por item. A BADS-SF é mais focada diretamente nos tipos de ativação e nas esquivas descritas no tratamento BA de Martell et al. (2001). Diferentemente da BADS, ela não contém itens de "prejuízo", pois dados itens podem ser conceituados como sendo o resultado nas mudanças na ativação e na esquiva, ao invés de parte de algum processo à parte da BA. Similarmente à BADS, para o somatório do escore total todos os itens que não forem de Ativação deverão ter seus índices revertidos. Altos escores indicam um aumento da ativação. Uma pessoa que pontuar o escore máximo de ativação chegará a 54 pontos, e uma que pontuar o mínimo atingirá 0 ponto (em uma escala que vai de 0 a 54 pontos). A BADS-SF demonstrou adequação dos seus itens, assim como aceitáveis consistência de confiabilidade interna, validade de constructo e valor preditivo (Manos et al., 2011).

Uma vantagem da BAD-SF é que ela é uma escala que permite um mais rápido preenchimento, e traz itens que são mais coerentes com o modelo conceitual de depressão. Esse fato torna a BADS-SF a escala de escolha para a aplicação repetida conjuntamente com outros instrumentos (p. ex., agenda diária e BDI-II), posto que, para muitos depressivos, um alto custo de resposta no preenchimento poderia ser um grande obstáculo para o cumprimento da atividade.

Importante ressaltar que tanto a BADS quanto a BADS-SF não estão validadas para a realidade brasileira. Realizamos também a aplicação repetida, comparando o sujeito com si próprio, portanto sem o objetivo da realização de diagnóstico nosológico. Um dos nossos principais objetivos com isso é obter medidas continuadas sensíveis ao progresso do tratamento de ativação comportamental. Por meio da comparação dos diferentes escores, conseguimos tornar o progresso mais evidente tanto para o terapeuta quanto para o cliente.

As BADS e a BADS-SF possuem algumas vantagens sobre a EROS segundo a nossa avaliação. A EROS (Armento & Hopko, 2007) foi desenvolvida para acessar RCPR. Contudo, em uma rápida inspeção, nota-se que a EROS é predominantemente orientada a acessar o contato geral com atividades "gratificantes". Escores da EROS, portanto, não representam especificamente modificações nos comportamentos de ativação, mas capturam mudanças na experiência de satisfação e recompensa com as atividades ao longo do tempo. Já a BADS e a BADS-SF (BADS; Kanter et al., 2006) foram criadas para medir mudanças nos comportamentos de ativação e esquiva, consistentes com a teoria da BA, apresentando medidas de comportamento, e não do efeito do reforçamento. A teoria que fundamenta essa mudança de paradigma é que as mudanças nos comportamentos de ativação vão levar a um subsequente aumento do reforçamento positivo, o que diminuiria, em última instância, os sintomas depressivos dos clientes (Manos et al., 2011). Uma outra vantagem que vemos é que a BADS e a BADS-SF são mais sensíveis as mudanças pontuais no tempo por ter uma insígnia que solicita ao cliente relatar o que aconteceu na "última semana", e não em um período tão extenso de "alguns meses passados", conforme prescreve a insígnia da EROS.

ÍNDICE DE PROBABILIDADE DE RECOMPENSA (RPI)

Do mesmo grupo de criadores da EROS, o RPI (Apêndice 5) foi desenvolvido para atender a duas críticas direcionadas à EROS: a de que esta não abordaria adequadamente a RCPR e a de que possui alguns itens que se confundem com os critérios diagnósticos da depressão (p. ex., o item "Atividades que costumavam ser prazerosas já não são mais gratificantes" se confunde com a anedonia).

O RPI é uma escala com medida de autorrelato ao longo de 20 itens dispostos em dois fatores: (a) probabilidade de recompensa e (b) supressores ambientais. Os participantes pontuam em uma escala do tipo Likert-4 pontos, em um total que vai de 20 a 80, com altos escores sugerindo aumento da probabilidade de recompensa e poucos supressores ambientais inibindo o acesso ao reforçamento. Para o somatório do escore total, todos os itens que envolvem supressores ambientais deverão ter seus índices revertidos.

O estudo de validação inicial (Carvalho et al., 2011) encontrou que os escores de RPI tiveram correlação significativa com as medidas de depressão, ansiedade, percepção de suporte social, recompensas ambientais (EROS) e ativação comportamental (BADS).

Uma desvantagem que vemos também no RPI em comparação com a BADS e a BADS-SF é que a insígnia, semelhantemente ao que acontece com a EROS, descreve um período muito extenso de tempo (p. ex., últimos meses). Um mérito do RPI comparativamente às mesmas escalas é ter elencado itens que descrevem supressores ambientais que não são necessariamente de direto controle ou de responsabilidade do cliente, ainda que o cliente tenha que apresentar novos comportamentos para produzir reforçamento positivo. Nesse sentido, poderia abordar mudanças que ocorreram na vida do cliente e que o levaram a desenvolver repertório depressivo (p. ex., morte de um ente querido). Na BADS, por outro lado, as consequências ambientais negativas seriam sempre consequência de algum comportamento de esquiva do cliente, o que poderia limitar as possibilidades de análise do fenômeno clínico.

Capítulo 7

Conduzindo a ativação comportamental: estrutura fundamental das sessões

A avaliação funcional de Sturmey (1996) tem orientado extensa parte do nosso trabalho na formulação da concepção inicial de caso. Embora o nosso esforço seja para finalizar a avaliação em poucas sessões, as características próprias dos clientes depressivos muitas vezes acabam exigindo do terapeuta flexibilidade na condução do tratamento. Clientes, por exemplo, com história recente de término de relacionamento, como um namoro de longa duração ou um casamento, às vezes necessitam falar bastante sobre a perda, de modo que acabam subtraindo tempo da avaliação. Nesse sentido, projetamos um manual de ativação comportamental (BA) que fosse focado na contingência da interação ponto a ponto com o cliente. Embora hoje exista certo consenso entre os principais autores da área de que a BA é uma terapia breve no tratamento da depressão (Dimidjian et al., 2011), a coleta de informações não deve interferir no processo de formação do vínculo terapêutico, e essa é uma regra do tratamento de depressivos que é, a nosso ver, inegociável.

Afirmar isso é estar sensível ao fato de que a coleta de dados, seja na entrevista psicológica ou na aplicação dos instrumentos, deve ser conduzida sempre aferindo de momento a momento o comportamento de colaboração do cliente. Destacamos que esse cuidado só é possível por se tratar de um manual que segue sem a urgência dos prazos institucionais fixos, como o que ocorre em contextos hospitalares como no caso da BATD (*Brief behavioral activation treatment for depression*) (Lejuez et al., 2001). O manual BA-IACC oferece diretrizes para aplicação no contexto de atendimento particular, portanto sensíveis e maleáveis às contingências do vínculo terapêutico. Vemos, contudo, possibilidade de aplicação em contextos hospitalares mais flexíveis, o que aproxima a BA-IACC da Psicologia da Saúde sob perspectiva comportamental (Hübner et al., 2016).

Tomado esse cuidado, sobretudo nas sessões iniciais, conduzimos o tratamento preocupado com o custo-efetividade, ou seja, orientado a proporcionar atendimento manualizado, efetivo e que possa ser breve.

DANDO UM GRANDE ENFOQUE NOS COMPORTAMENTOS DE ESQUIVA PASSIVA AO LONGO DA BA-IACC

Segundo Sidman (1989), a esquiva passiva é reforçada por diminuir a intensidade, postergar ou evitar a produção dos estímulos aversivos. Em curto prazo, ela produz a diminuição dos sentimentos de disforia envolvidos nos eventos aversivos, mas em médio e longo prazo a esquiva não elimina a fonte aversiva. A relação entre resposta inefetiva e a consequência deve ser evidenciada para o cliente.

A execução da análise funcional possibilita ao cliente ter consciência das consequências produzidas em curto, médio e longo prazo. Martell et al. (2001) sugerem o ensino de uma análise funcional com base nos acrônimos TRAP (*trigger, response, avoidance pattern*), relacionado ao comportamento de esquiva passiva, e TRAC (*trigger, response, alternative coping*), relacionado aos padrões de enfrentamento alternativos ou esquivas ativas. Usamos os acrônimos GEE1 e GEE2 como adaptação para o idioma português. GEE1 representa a esquiva passiva e GEE2, a esquiva ativa. A Tabela 5 ilustra a adaptação.

Tabela 5 Acrônimos TRAP e TRAC adaptados para o idioma português

GEE1 (TRAP)	**GEE2** (TRAC)
Gatilho (S^D e CS)	Gatilho (S^D e CS)
Emoção negativa (comportamento respondente)	Emoção negativa (comportamento respondente)
Esquiva (comportamento de esquiva "passiva")	Enfrentamento (comportamento de esquiva "ativa")

TRAP (*trigger, response, avoidance pattern*); TRAC (*trigger, response, alternative coping*).

Na representação proposta de análise funcional orientada pelos acrônimos, G (gatilho) possui função de estímulo discriminativo (S^D) para o comportamento de esquiva passiva ou ativa, e função de estímulo condicional para a resposta respondente relacionada ao sentimento de disforia. Essa análise funcional com base em respondentes é útil, pois o sentimento de disforia produzido em contexto é de fácil identificação pelo cliente, servindo como guia para a mudança de comportamento.

GEE1 e GEE2 envolvem comportamentos reforçados negativamente. Os adjetivos "ativa" e "passiva' referem-se aos dois tipos de esquiva, conforme proposto inicialmente por Ferster (1973). A esquiva passiva diminuiria a intensidade, postergaria ou evitaria temporariamente o contato com a fonte de estimulação aversiva. A fonte de estimulação aversiva normalmente é o comportamento do outro nas relações humanas, as pessoas com quem o depressivo tem sua interlocução cotidiana. Considere uma relação interpessoal conflituosa, em que o interlocutor do cliente seja um chefe intransigente no trabalho. As esquivas passivas poderiam ocorrer quando, no momento em que precisa tratar de assuntos do trabalho diretamente com o chefe (p. ex., gatilho), o cliente sente ansiedade (p. ex., emoção negativa), recorrendo sempre a colegas ou superiores (p. ex., esquivas passivas). Já um comportamento de esquiva ativa pode modificar de forma relevante a relação entre os dois personagens, de forma a eliminar (ou diminuir expressivamente de frequência) o comportamento do chefe que tem função aversiva para o cliente. Enfretamentos dessa natureza poderiam ser, por exemplo, o reclamar do trabalho diretamente ao chefe, assumir uma tarefa desafiadora nobre ou pleitear uma promoção.

É importante frisar que, embora esse recorte de análise funcional não seja orientado para descrição das consequências dos comportamentos do cliente, perguntas adicionais do terapeuta poderão ser feitas em sessão sempre. A simplificação desse modelo tem o objetivo de facilitar o preenchimento pelo cliente, visto as dificuldades envolvidas na execução da análise.

USO DE ESCALAS PARA MEDIÇÃO DE COMPORTAMENTOS DE ESQUIVA PASSIVA E ENFRENTAMENTO

O Inventário de Depressão de Beck (BDI-II; Beck et al., 1996) é utilizado nas sessões como auxílio na formulação do diagnóstico e da avaliação funcional, e também para medição do grau de severidade dos sintomas depressivos. Esse tem sido um recurso útil para o registro inicial do repertório de entrada do cliente e para o acompanhamento da evolução de caso. Para isso realizamos aplicações repetidas do inventário, sob um regime quinzenal, ao modelo de Lejuez et al. (2001)[5]. Adicionalmente, aplicamos as escalas EROS, BADS/BADS-SF, ou ainda RPI, isoladamente ou em alguma combinação entre elas, para mensurar continuamente comportamentos de enfrentamento (ou ativação) e esquiva, probabilidade de efeito reforçador, e mudanças ambientais. O uso dessas escalas é interessante por mensurar a depressão do cliente a partir também de uma perspectiva analítico-comportamental. Essas escalas são aplicadas uma vez a cada 4 meses, exclusivamente para comparação com base nas medidas continuadas, ou seja, para comparação clínica do cliente consigo mesmo.

---

5 Maiores detalhes na aplicação das escalas são encontrados no Capítulo 6, "Escalas para medições continuadas dos comportamentos depressivos".

ENSINANDO A RACIONAL DA BA

Além das escalas aplicadas nas primeiras sessões, apresentamos a racional da BA, no que se refere ao modelo etiológico de depressão e ao tratamento de ativação comportamental. Ao final da primeira sessão, damos um texto explicativo trazendo a racional da BA (Apêndice 6), retirado de Martell et al. (2001). Na segunda sessão é reservado um espaço para solicitar a compreensão do cliente a respeito do conteúdo, com espaço para responder as dúvidas que eventualmente possam surgir. O terapeuta aproveita essa oportunidade para novamente explicar a racional da BA para o cliente.

A importância de o cliente concordar com a racional oferecida foi destacada na BA. Addis e Jacobson (1996), reexaminando os dados do estudo de análise de componentes da terapia cognitiva (Jacobson et al., 1996), encontraram que o resultado da BA estava correlacionado com a resposta positiva dos clientes à racional do tratamento e também as primeiras atividades de ativação. A conclusão a que chegaram sugere ao terapeuta dar grande importância aos eventos que acontecem logo no início da terapia. Mais recentemente a grande necessidade de uma resposta positiva do cliente à racional foi destacada também na versão revisada da BATD (BATD-R; Lejuez et al., 2011). A atenção à racional oferece grande implicação para o desenvolvimento da aliança terapêutica, o que pode ser decisivo para o desfecho positivo de caso. Por meio da racional o cliente constrói uma compreensão sobre a fundamentação do tratamento, que vai ter reflexos diretos na sua colaboração ao longo de todas as sessões.

Contudo, o conjunto da leitura do texto, a reexplicação da racional em sessão e o "plantão de tira-dúvidas" mostraram-se insuficientes quando começamos a formular o nosso manual. Embora muitos clientes se mostrassem honestamente convencidos de que as atividades dirigidas exerceriam efeito antidepressivo, no momento de maior dificuldade na execução de alguma solução de problema, acabavam invariavelmente tentando esquivar o desafio, alegando problemas impeditivos, com explicações causais do tipo "por causa da minha depressão não consigo", "meu temperamento não me permite" ou "estou muito triste para conseguir fazer isso". Com isso davam razões para as esquivas, fundamentadas em instâncias internas, sugerindo notadamente que teriam que mudar algo internamente (p. ex., algo "na mente" ou nos "neurotransmissores" cerebrais) para somente então se engajarem em comportamentos de enfrentamento. Explicações com base em instâncias internas são ensinadas na cultura, e mesmo muitas tradições sérias em psicologia e psiquiatria acabam transmitindo essa ideia. É importante destacar que não se está questionando as explicações internalistas do ponto de vista científico, mas, antes, ensinando o cliente a focar na função do que está sendo dito quando alegam obstáculos intransponíveis no momento do contato com os desafios das atividades. Por exemplo, se a função de uma declaração como essa for o terapeuta desistir da solução do problema, então o terapeuta pode estar reforçando um comportamento de esquiva passiva do cliente que interfere na ativação.

Como alternativa para esse problema, sugerimos a modelagem da racional no repertório verbal dos clientes. Ao invés de somente explicar a racional, modelamos essa interpretação a partir das explicações causais iniciais trazidas pelos clientes. O recorte abaixo de um caso atendido pela segunda autora foi adaptado para ilustrar como é feita essa modelagem em sessão. Nele, Clara, uma jovem estudante que estava realizando o sétimo ano de cursos preparatórios para o vestibular de medicina, procurou tratamento para o transtorno depressivo maior (BDI-II: 27). A cliente não vinha conseguindo ir para as aulas ou mesmo estudar em casa. Passava a maior parte do tempo assistindo TV e dormindo. No terceiro encontro, mesmo já tendo dado o texto sobre a racional, o terapeuta precisou modelar a compreensão da cliente a respeito dos processos envolvidos na BA-IACC.

Terapeuta: Clara, como foi no cursinho durante essa semana?

Cliente: Não consegui ir às aulas no cursinho. Fiquei realmente muito chorosa a semana inteira. Eu acordei tarde e passei a maior parte do tempo assistindo seriado. Logo voltava para a cama, e assim foram passando os meus dias.

Terapeuta: E você conseguiu resolver algum exercício da apostila em casa, apesar de não ter conseguido assistir à aula?

Cliente: Não, até ensaiei abrir a apostila na quarta-feira, mas, quando fui fazer, comecei a pensar em todos esses anos de esforço e frustração. Todo mundo entra em uma universidade, mas para mim isso está longe de ser uma realidade. Enquanto eu não sair da depressão nunca conseguirei estudar ou ir para a aula. O problema é a minha depressão.

Terapeuta: Então deixa ver se eu entendi bem. Você está me dizendo que não tem conseguido fazer diferente, ou seja, não tem conseguido estudar por causa da depressão?

Cliente: Isso mesmo. Estou muito frustrada e desmotivada com tudo isso. Não tenho vontade de fazer mais nada. Estou comendo muito mal também.

Terapeuta: Ao longo desses sete anos de cursos preparatórios, teve alguma vez em que tenha você conseguido estudar ou assistir às aulas?

Cliente: Os primeiros quatro anos eu fiz em um dos cursinhos mais conceituados da cidade. Porém, cursinho você sabe como é, no primeiro ano as coisas são mais fáceis, mas depois que você tem que ver tudo novamente, as piadas, as musiquinhas, a rotina com os mesmos professores, isso realmente vai sendo extremamente extenuante. E eu entrei em depressão. Foi daí que resolvi tentar outro curso preparatório para tentar refrescar isso tudo. Conheci três amigas na ocasião e passamos a estudar juntas. Íamos às aulas pela manhã, e à tarde estudávamos no próprio cursinho para poder tirar as dúvidas junto aos professores. Na época eu estava mais animada. Ao final do dia eu conseguia até fazer academia. Ia à academia correr na esteira e depois retornava, jantava, tomava um banho e ainda conseguia estudar mais um pouco à noite.

Terapeuta: Parece mesmo que as amigas e o contexto do novo cursinho haviam lhe dado uma motivação extra. E ainda por cima, sobrou energia para fazer academia? Fiquei bastante surpresa.

Cliente: Sim! Parecia que eu não tinha mais depressão. Mas infelizmente o problema começou novamente durante o vestibular de inverno. Eu e minhas amigas agendamos viagens e hotéis juntas para outras cidades para tentar os vestibulares. Mas eu queria medicina, o curso mais concorrido que tem neste país. E elas queriam psicologia e direito, e, você sabe como é, são cursos muito mais fáceis de conseguir entrar. Não estou desqualificando, mas de fato isso é verdade. Então vieram os resultados. Elas foram aprovadas e eu não. Tive que dar continuidade à coisa, retornar para o cursinho. Mas daí gradativamente a motivação foi acabando, e, para piorar, eu já não tinha mais a companhia delas. A depressão voltou e me impediu de continuar estudando.

Terapeuta: Realmente imagino a sua frustração com tudo isso. Todo o novo cenário que inicialmente havia lhe dado uma nova esperança, e daí as coisas não deram certo como você realmente sonhava. Eu queria nesse ponto que você me contasse um pouco mais sobre esses anos de cursinho. Por exemplo, e neste último ano? Entendo que você não está atualmente conseguindo ir às aulas, mas teve algum momento em que você diria que conseguiu estudar mais?

Cliente: Houve um período, acho que umas duas semanas no meio do ano, em que a minha mãe resolveu sair da minha cidade e vir aqui para me ajudar. E, detalhe, eu não pedi isso. Ela é professora aposentada, então você imagina como foi! Ela veio sem avisar, ela é muito controladora. Fez compras para abastecer a casa, cozinhou e começou a me colocar para acordar cedo. Programou as atividades dos meus dias no mural fixado à minha parede. Abria todas as janelas logo pela manhã. E me levou para o cursinho a pé todos os dias! Não tive sossego. Foi realmente muito difícil. Quando eu voltava pela manhã, o almoço já estava pronto. Almoçávamos, assistíamos um pouco de TV e ela já perguntava se eu não iria estudar. Então, enquanto eu estudava ela ficava fazendo crochê perto de mim. Foram duas semanas assim, acho. Tratamento de choque, compreende? Amo minha mãe, mas ela é difícil e intransigente com isso tudo. Parecia um cão policial me controlando.

Terapeuta: E ao final das duas semanas como foi para você estudar? Digo, teve alguma diferença na sua motivação comparativamente ao que foi no primeiro dia?

Cliente: Nos primeiros dias eu me arrastava. Era difícil acompanhar o conteúdo das aulas. A sorte é que como eu já fiz cursinho antes, rapidamente me lembrava das aulas dos outros anos. Mas, sim, foi ficando mais fácil de acompanhar as aulas. Lembrando agora, acredito que para estudar em casa também foi melhorando. Foi bom conseguir finalizar algumas tarefas nas apostilas.

Terapeuta: E com relação ao estudo, como estava o seu estado de humor ao final da segunda semana?

Cliente: (Risos). A depressão havia me dado uma trégua.

Terapeuta: Clara, perceba que na sua história como estudante de curso preparatório, você teve duas experiências de períodos em que conseguiu estudar e assistir às aulas. Quando migrou de cursinho, você fez amigas, e é claro que elas lhe ajudaram. Mas o fato é que, por conseguir se envolver com as matérias, você foi se sentindo fora da depressão. Disse que a motivação aconteceu e que até conseguiu ir à academia religiosamente. Teve energia. E mais recentemente, ainda que a mãe tenha lhe forçado, sobretudo nos primeiros dias, foi gradativamente conseguindo se envolver com as aulas e o estudo. Sentiu com isso motivação e relatou ter diminuído sua tristeza.

Cliente: Sim. Vi que quando eu sigo estudando acabo me sentindo melhor mesmo. E bem sei que é difícil, mas estou convencida de que não teremos outra maneira, não?

Terapeuta: Nós trabalharemos dessa forma ao longo da nossa terapia. Paradoxalmente, quando conseguimos nos comportar em direção ao que nos é importante, é quando essas atividades têm um efeito positivo sobre o nosso estado de humor. É na ação que está o tônico antidepressivo, percebe? Comparativamente, quando você não estuda, acaba se sentindo frustrada, pensa em coisas muito negativas a seu respeito e gradativamente vai fazendo menos e menos. Isso é uma bola de neve.

Cliente: Foi o que aquele texto falou... Vai ser difícil... precisarei muito de você.

Terapeuta: Seguiremos juntas.

A modelagem do repertório verbal interpretativo da Clara foi conduzida da seguinte forma: primeiramente, o terapeuta se certificou de que a explicação inicial da cliente foi com base em alguma instância interna, ou seja, certificou-se de que entendeu a mensagem passada pela cliente de que ela não conseguia estudar "por causa da depressão". Esse seria um correlato do levantamento da linha de base, a partir da qual o terapeuta iniciou o reforçamento de pequenas instâncias interpretativas do comportamento verbal rumo a um entendimento mais contextual, a uma explicação funcionalmente-orientada. Solicitou por meio de perguntas que a cliente descrevesse períodos em que conseguiu estudar e, após as respostas, foi reforçando diferencialmente pequenas instâncias interpretativas que descreviam a correlação dos comportamentos de estudar com a melhora no humor e na motivação. O terapeuta ainda teve oportunidade de conseguir o relato de mais de um episódio em que a cliente conseguiu estudar. Clara havia tido experiências positivas no passado quando migrou de curso preparatório e, mais recentemente, com a visita da mãe no começo do ano.

A solicitação de múltiplos episódios foi interessante por facilitar ao terapeuta evidenciar para a cliente a regularidade do efeito antidepressivo dos comportamentos de enfrentamento. Ao final da modelagem, o terapeuta iniciou uma síntese interpretativa ajudando a cliente a realizar parte da análise final, que seria a resposta-alvo. O terapeuta então pôde aferir a compreensão da cliente com mais segurança, pois conduziu a modelagem a partir de descrições de episódios vividos pela cliente. Em última instância, aproximou a racional da BA descrita no texto da realidade dos fatos vividos na história da cliente.

Do ponto de vista técnico, uma interpretação do comportamento é uma regra que foi formulada. E uma regra pode ser seguida. Se o seguimento da regra produz reforçamento pela correspondência ponto a ponto entre o que foi descrito pela regra e o evento ambiental, então essa regra será um do tipo "rastreamento" (Hayes, Zettle & Rosenfarb, 1989). Assim, por exemplo, o seguimento de uma regra como "se eu tentar estudar, poderei progredir na resolução dos exercícios da apostila" pode controlar um comportamento de enfrentamento, que, se tiver sucesso, produz efeito antidepressivo.

Como terapeutas BA-IACC, estamos convencidos de que a modelagem é muito mais efetiva para o ensino de novos repertórios, pois ela permite o reforçamento diferencial de pequenos avanços. Algumas vezes é possível que o terapeuta precise novamente modelar a racional a partir de outras contingências relatadas pelo cliente. À medida que o cliente é reforçado nos pequenos avanços rumo à melhora do quadro depressivo, vão sendo também reforçadas suas interpretações funcionalmente-orientadas do comportamento novo aprendido.

IDENTIFICANDO COMPORTAMENTOS-ALVO A PARTIR DE EXPLICAÇÕES MENTALISTAS TRAZIDAS PELO CLIENTE

Os clientes aprendem a assumir causalidades mentalistas para seus comportamentos e vão trazendo essas explicações ao longo de todo o tratamento. Diferentemente do caso discutido acima sobre a modelagem da racional da

BA, nesse novo contexto, considere que a análise trazida pela cliente não teria função direta de esquivar alguma atividade de enfrentamento. Antes, seria apenas a forma com que ela consegue explicar a dificuldade pela qual está passando. Um caso bastante frequente é o termo autoestima, muito difundido em programas de TV ou matérias de revistas e jornais. Assim, por exemplo, o cliente pode dizer ao terapeuta que está se "sentindo terrivelmente triste devido a sua baixa autoestima", sob uma situação em que está apenas tateando os seus sentimentos vividos na última semana.

Na ordem de abordar as queixas envolvidas, Kanter, Busch e Rusch (2009) orientam ao terapeuta decompor as explicações mentalistas a partir de perguntas em que solicitam descrições de comportamentos e contextos nos quais ocorreria a experiência de baixa autoestima. Por exemplo, o terapeuta poderia perguntar "Você poderia me dizer o que está acontecendo quando você se sente como se tivesse baixa autoestima?", ou mesmo "Existem ocasiões em que você diria que sua autoestima está alta?".

Novamente, nossa experiência com relação às perguntas tem demonstrado a necessidade de modelar explicações funcionalmente orientadas, pois mesmo quando o cliente apresenta respostas adequadas às perguntas, fica evidente em seu discurso que de fato continuavam alinhadas com a ideia de autoestima do senso comum. Exemplificamos a maneira com que conduzimos a modelagem em nosso protocolo de BA a partir do trecho de um caso clínico. Fernanda, uma competente profissional de saúde por nós diagnosticada com transtorno depressivo maior (TDM) (BDI-II: 14), estava vivenciando sentimentos de baixa autoestima a partir de comportamentos que vinha tendo em sua vida afetiva, sendo essa uma área de grande importância para a cliente. Na sétima sessão, a terapeuta conduziu a modelagem conforme descrito a seguir.

Terapeuta: Fernanda, como foi a sua semana?

Cliente: Então... nesse final de semana consegui sair com as meninas. Fomos a uma balada e isso foi péssimo. Na balada as meninas logo começaram a paquerar alguns rapazes e me deixaram sozinha. Foi então que um rapaz "baixinho" desse grupo de amigos me abordou. Fiquei tão frustrada que acabei logo alertando, antes de qualquer início de conversa, que eu não terminaria transando com ele, sob hipótese alguma. Ele reagiu ficando bravo e me deixou falando sozinha. Foi embora.

Terapeuta: E depois, o que aconteceu?

Cliente: Eu fui então ao banheiro feminino e no caminho um outro rapaz que estava bêbado me abordou. Fiquei decepcionada, pensando que eu só consigo atrair homens feios e bêbados, diferentemente das minhas amigas, que sempre se divertem com homens muito mais interessantes. Isso acontece por causa de minha baixa autoestima. As meninas são mais divertidas, não passam por isso por ter boa autoestima.

Terapeuta: Deixe-me ver se eu entendi. Porque você tem uma baixa autoestima, então não teve sucesso em conhecer alguém legal? E como você se sentiu depois que foi embora, por exemplo, no dia seguinte?

Cliente: Acordei muito mal e não consegui sair da cama durante o dia inteiro. Fiquei me autorrecriminando por ter baixa autoestima, pensando em como a vida para mim era muito mais difícil. Será que eu não posso conhecer alguém interessante em um sábado à noite?

Terapeuta: Fernanda, teve alguma outra ocasião em que você tenha saído e que tenha sido diferente? Em que tenha conhecido e interagido com alguém que você achou interessante?

Cliente: Durante a última copa do mundo, eu e as minhas amigas resolvemos assistir a um jogo do Brasil em um barzinho fora da cidade. Entramos no clima de festa, sabe? Acabamos nos produzindo como deve ser, camisa da seleção, maquiagem e perucas verde e amarelo. Tinha um clima. E no bar alguns rapazes da mesa ao lado começaram a conversar com a gente, tentando contato. Foi quando um dos rapazes veio em minha direção e começou a tentar conversar comigo. Eu então tentei ser receptiva, conversando. Fiquei sabendo que ele veio fazer faculdade na cidade e que hoje era engenheiro de uma grande empresa. Era um rapaz trabalhador e esforçado. Parecia divertido. Também vi que era uma pessoa que valorizava muito a sua família.

Terapeuta: E parece que você ficou interessada nele.

Cliente: Eu até dei um beijo! Mas, no final do dia, na hora de ir embora, acabei dando o meu número de telefone errado. Fiz isso porque as meninas sempre fazem dessa forma. Acabei me arrependendo profundamente.

Terapeuta: E como você acordou no dia seguinte?

Cliente: Fiquei feliz o dia inteiro. Fiquei radiante de alegria. Uma pena ter perdido o contato dele.

Terapeuta: E você experienciou autoestima?

Cliente: Sim, eu diria que estava com alguma "auto-autoestima" (risos)

Terapeuta: Veja você então, Fernanda. Você me contou dois episódios em que saiu para paquerar, conhecer pessoas. Na primeira situação o rapaz, que você chamou de baixinho, acabou te abordando e você subitamente declinou a iniciativa de interação dele. E o que você ficou sabendo a respeito dele?

Cliente: Nada, pois não dei nenhuma chance. As meninas falaram que eu não teria como conhecer melhor, pois o cortei. Concordei com elas.

Terapeuta: Esse é o ponto. Como você não chegou a conversar com ele, não saberá quem era o rapaz, se alguém legal, trabalhador ou dedicado à família.

Você foi embora do local irritada e no dia seguinte ficou muito triste, sentindo--se desesperançosa. Teve sentimentos de baixa autoestima?

Cliente: Muito. O dia inteiro. Foi horrível. Tive raiva e depois tristeza pela minha situação. Deveria ter lhe dado uma chance.

Terapeuta: Já no outro episódio, você foi mais aberta ao contato, permitiu a interação com aquele segundo rapaz. Como consequência, ficou sabendo que ele era legal e esforçado, que parecia ter um bom futuro. E, no outro dia, experienciou sentimento de boa autoestima. Então, o que destaco é isso: a sua postura de conversar e interagir pode produzir um contato romântico potencial, além de bons momentos com as amigas. Você conseguiu paquerar, como as suas amigas, não? O que quero evidenciar para você é que os nossos comportamentos ativos têm estreita relação com o sentimento de autoestima. A autoestima é vivenciada contextualmente, ela acontece sempre com relação aos nossos sucessos em conseguir algo que é valioso para nossa vida, como paquerar ou conhecer alguém legal.

Cliente: Entendi isso. Quero tentar.

Terapeuta: Com toda certeza.

O terapeuta iniciou a modelagem a partir da interpretação da cliente, mais especificamente, de que não conseguiu paquerar por não ter uma boa autoestima. A resposta-alvo final, no contexto de paquera, foi levar a cliente a descrever que o sentimento de baixa autoestima foi produzido como consequência de não ter interagido com o rapaz. Por isso não teve oportunidade de sequer conhecê-lo melhor. Outra resposta-alvo foi a cliente identificar que sua postura mais ativa no passado abriu a oportunidade de descobrir alguém "interessante", o que a levou a ter sentimentos de melhor autoestima. O objetivo da modelagem é que o cliente aprenda que o sentimento de autoestima é o produto de um histórico de reforçamento, e nesse sentido sua experiência atual se dá contextualmente. Por esse motivo, os comportamentos envolvidos sob o rótulo de "autoestima" não podem ser a explicação causal para a experiência, mas parte daquilo que precisou ser explicado.

UTILIZANDO A AGENDA DE ATIVIDADES DIÁRIAS

A Agenda de Atividades Diárias deve ser adotada em um regime semanal. Ela é utilizada para a avaliação inicial do repertório de entrada e para comparação posterior com os avanços do cliente ao longo das semanas. Na agenda utilizamos escalas de domínio e prazer, de 0 a 5, conforme proposto por Beck et al. (1979). A escala de domínio representa o grau em que o cliente conseguiu desempenhar adequadamente uma tarefa. A escala de prazer representa o grau de prazer produzido pelas atividades vivenciadas. De um ponto de vista analítico-comportamental, a escala de prazer representa as consequências de curto prazo e a escala de domínio, as de longo prazo (Kanter et al., 2009). A Tabela 6 apresenta um modelo de Agenda Diária de Atividades.

Tabela 6 Atividades desenvolvidas pela cliente durante a fase de intervenção

	Seg	Ter	Qua	Qui	Sex	Sáb
Manhã	Vai para o salão de beleza da mãe. Vontade de ficar em casa P-3 D-5	Vai para o salão de beleza da mãe. Interage para se distrair P-5 D-5	"Ressaca boa de festança" de ontem no salão P-5 D-5	Levanta de bom humor. Vai ao mercado P-3 D-5	Levanta de bom humor. Vai ao salão. Por vezes sente tristeza P-3 D-5	Não vai ao salão, mas se sente bem pela 1ª vez P-3 D-3
Tarde	Tenta muito interagir com as pessoas no salão. "Briga" contra o sono P-3 D-5	Interage no salão. Passa uma tarde agradável. Sentimento de agonia às vezes P-5 D-5	Terapia. Afirma que está se descobrindo P-5 D-5	Dorme em casa P-0 D-0	Tenta muito interagir com as pessoas no salão. "Briga" contra o sono P-5 D-5	Assiste aos jogos da Copa. Dá uma cochilada P-2 D-2
Noite	Irmão janta na casa da cliente P-5 D-5	Interagindo com as pessoas no salão. Sentimento de agonia e ansiedade às vezes P-3 D-5	Sai com a mãe para devolver uns produtos na loja P-5 D-5	Dorme em casa. Quando acorda, sente euforia e aperto no coração P-0 D-0	Assiste TV com o irmão e vai dormir na hora certa P-5 D-5	Sai para jantar com mãe e padrasto P-1 D-1

A agenda é utilizada na identificação dos contextos em que ocorrem as esquivas passivas, para a programação dos enfrentamentos orientados e para o enriquecimento com atividades potencialmente positivamente reforçadoras. Os registros da agenda são sensíveis às atividades em contextos antecedentes e sentimentos eliciados. Perguntas adicionais podem ser feitas em sessão para as análises de consequências do comportamento-alvo.

Temos utilizado a tabela com registros por períodos inteiros, como manhã, tarde e noite, pois na nossa experiência são poucos os clientes depressivos que se engajam com motivação para preencher as atividades de hora em hora. O problema se potencializa mais quando a esse instrumento somamos o preenchimento de inventários, como o BDI-II. As tarefas somadas podem ser exaustivas. Dessa forma, facilitamos a tarefa, aumentando a probabilidade de a atividade ter êxito. Sempre incentivamos os clientes a preencherem ao final de cada dia, quando ainda está fácil para recordarem todas as experiências vividas.

USANDO O INVENTÁRIO DE AVALIAÇÃO DE VALORES

Durante a intervenção, a partir de atividades elencadas na agenda, elegemos atividades relacionadas aos valores de vida do cliente. Essa intervenção foi formulada por Hayes, Strosahl e Wilson (1999) como componente da terapia de aceitação e compromisso (ACT), sendo incorporada à BA anos mais tarde (Lejuez et al., 2001) para acelerar e diversificar o enriquecimento de agenda. Para Hayes et al. (1999), valores são consequências globais de vida construídas verbalmente. Nesse sentido, são regras aprendidas na história do indivíduo, e o seu seguimento pode produzir reforçamento positivo, em médio e longo prazo. As pessoas formulam seus valores pessoais a partir das experiências que tiveram de reforçamento positivo. Assim, um valor como "estar mais em contato com os meus pais" pode ter sido formulado à medida que o cliente foi tendo muitas de suas interações reforçadas positivamente pelos pais ao longo do seu desenvolvimento. Ter conseguido suporte incondicional nos momentos em que se mostrou vulnerável, amor no momento de demonstração de carinho e cuidado, confiança quando demonstrou consistência de postura, são alguns exemplos de contingências passadas da interação entre pais e filho. Elas estariam na origem da aprendizagem desse valor.

Com o auxílio do inventário, o cliente lista seus valores de vida, ou os valores que gostaria de desenvolver. As seguintes áreas são então abordadas:

- Relacionamentos familiares (p. ex., "Que tipo de irmão/irmã, filho/filha, pai/mãe você gostaria de ser?", "Quais qualidades são importantes nos relacionamentos com essas pessoas na sua família?")
- Relacionamentos sociais (p. ex., "O que seria um relacionamento ideal para você?", "Quais áreas poderiam ser melhoradas nos relacionamentos com os seus amigos?")
- Relacionamentos íntimos (p. ex., "Qual é o seu papel em um relacionamento íntimo?", "Você está atualmente envolvido em um tipo de relacionamento íntimo, ou gostaria de estar?")

- Educação/treinamento (p. ex., “Você gostaria de se engajar em algum tipo de curso ou receber algum treinamento especializado?”, “O que você gostaria de aprender melhor?”)
- Emprego/carreira (p. ex., “Que tipo de trabalho você gostaria de ter?”, “Que tipo de profissional você gostaria de ser?”)
- *Hobbies*/recreação (p. ex., “Há algo especial que você gostaria de fazer, ou novas atividades que você gostaria de tentar?”)
- Serviço voluntário/caridade/atividades políticas (p. ex., “Quais contribuições você gostaria de dar a comunidade mais ampla?”)
- Atividades físicas/hábitos de saúde (p. ex., “Você gostaria de mudar a sua dieta, rotina de sono ou fazer exercícios?”)
- Espiritualidade (p. ex., “O que a espiritualidade representa para você?”, “Você está satisfeito(a) com essa área da sua vida?”)
- Questões psicológicas/emocionais (p. ex., “Quais são os seus objetivos para esse tratamento?”, “Existiriam outras questões além da depressão que você gostaria de tratar?”)

A Tabela 7 representa o modelo adotado de Formulário de Avaliação de Valores, adaptado de Hayes et al. (1999).

Tabela 7 Formulário de avaliação de valores

Área	Listar valor	Grau de importância (0 a 10)	O quanto seus comportamentos foram consistentes com esse valor na última semana? (0 a 10)
Relacionamentos familiares			
Relacionamentos sociais			
Relacionamentos íntimos			
Educação/ treinamento			
Emprego/ carreira			
Hobbies/ recreação			

(continua)

Tabela 7 Formulário de avaliação de valores *(continuação)*

Área	Listar valor	Grau de importância (0 a 10)	O quanto seus comportamentos foram consistentes com esse valor na última semana? (0 a 10)
Serviço voluntário/caridade/atividades políticas			
Atividades físicas/hábitos de saúde			
Espiritualidade			
Questões psicológicas/emocionais			

Dentro de cada área de vida, o cliente listará na segunda coluna os valores específicos. Podem ser valores da área "Relacionamentos familiares", por exemplo, "estar mais tempo com meus pais" ou "melhorar o relacionamento com minha irmã". Cada um desses valores receberia notas subjetivas de importância de 0 a 10. A última coluna, sobre comportamentos consistentes com o valor na última semana, é de especial interesse. Os comportamentos valorados colocarão o cliente em contato com potenciais reforçadores positivos, e esse é o objetivo fundamental da BA. A ativação orientada por valores manterá o cliente se comportando sob o controle de consequências de reforço positivo em médio e longo prazo, o que é incompatível com os comportamentos de esquiva passiva.

Capítulo 8

A punição social na aprendizagem de comportamentos depressivos e ansiosos

Em sua análise funcional da depressão, Ferster (1973) destacou que para uma concepção adequada da depressão seria imprescindível analisar como as contingências de controle aversivo interferem na taxa de respostas contingentes ao reforçamento positivo (RCPR). O diagnóstico diferencial psicológico que temos proposto, orientado por uma concepção funcional, destaca três tipos de depressões (Abreu & Santos, 2008): as decorrentes de punição, de apresentação de estimulação aversiva não contingente e de extinção operante.

BA NÃO É ENRIQUECIMENTO DE AGENDA

Muitos terapeutas comportamentais e cognitivo-comportamentais que desconhecem essa proposta de terapia acabam se autodenominando terapeutas de ativação comportamental (BA), sob o entendimento de que fazer BA seja o mesmo que promover o enriquecimento de agenda com atividades potencialmente reforçadoras. Curiosamente, nenhum manual de BA no mundo propõe enriquecimento simples de agenda, nem mesmo a BA componente na terapia cognitiva de Beck et al. (1979). Essa concepção demonstra um entendimento bastante raso da BA que, a nosso ver, não difere em absolutamente nada do que um cuidador leigo preocupado tentaria fazer. A mãe de um cliente depressivo, por exemplo, frequentemente se esforça para que seu filho saia com os amigos, vá trabalhar, passeie com o cachorro ou que faça exercícios físicos. E, sim, isso não funciona, deixando o cliente ainda mais frustrado. A partir daí o cliente pode passar a acreditar que, se a solução declarada é tão simples, então o problema seria de sua inteira responsabilidade moral. Mais combustível para as ruminações. Soma-se a esse fato a forte insistência dos cuidadores para que o depressivo se engaje em atividades, exercida muitas vezes de forma bastante incisiva. O resultado de tudo isso é mais desesperança, negativismo, desespero do cliente e crises suicidas.

A premissa mais básica da BA é que o controle aversivo interfere na RCPR. E dessa constatação depreende-se que a análise e a intervenção das/nas contingências aversivas a que os depressivos respondem é prioridade na BA. No manual BA-IACC a análise e a intervenção em contextos de punição, de perda da efetividade do comportamento operante e da extinção operante devem ser priorizadas, ocorrendo concomitantemente com o enriquecimento de agenda (Abreu & Abreu, 2015b; 2017b). Tome como exemplo uma cliente que está passando por grande estresse marital com seu marido, com quem vem entrando em grande divergência devido à discordância de como educar os filhos. As punições acontecem de ambas as partes, promovendo como consequência o afastamento do casal. Por conta do conflito, a cliente não mais vem tendo qualquer reforçador positivo na relação conjugal, como o carinho ou o companheirismo do cônjuge, e dada a importância desses reforçadores únicos, a cliente se mantém cronicamente em depressão. Seria negligência conduzir apenas um enriquecimento de agenda nesse caso, como incentivar a cliente a sair com os amigos ou estar em eventos sociais no trabalho. Uma intervenção dessa qualidade apenas provavelmente tangenciaria o epicentro dos problemas, de modo que, embora útil, exerceria efeito antidepressivo bastante limitado. Antes, seria imprescindível engajar a cliente em possíveis soluções para os problemas que vem tendo no casamento. A redução do contato com reforçadores positivos confere aversividade para muitas das circunstâncias de vida, gerando tristeza e anedonia. Nesse contexto a cliente desenvolve repertórios de esquiva passiva incompatíveis com o comportamento não depressivo reforçado positivamente. Então, embora a ativação simples seja um componente importante da BA, as intervenções orientadas para o enfretamento das situações aversivas e a solução de problemas devem ganhar protagonismo na agenda diária de atividades.

São inegociáveis a análise e a intervenção baseadas em análise de contingências, e isso inclui as de controle aversivo. O enriquecimento de agenda apenas não é BA.

PUNIÇÃO

A punição é um fenômeno comportamental essencialmente social, pois acontece na relação com o outro. As pessoas punem os comportamentos umas das outras devido ao rápido efeito supressivo. Afirmar isso leva a uma primeira conclusão: a punição é mediada socialmente pelo comportamento do outro. Na punição, é crítico o fato de o agente punidor, representado por uma ou mais pessoas (p. ex., um ambiente de trabalho, como uma empresa), normalmente ser ao mesmo tempo o detentor de reforçadores positivos importantes para o indivíduo. Por esse motivo, as pessoas acabam tendo a necessidade de conviver apesar das relações de punição. Um marido que pune certos comportamentos agressivos é ao mesmo tempo aquele que reforça positivamente outras iniciativas da esposa, como a atenção ao lar ou aos filhos. A punição acontece com a apresentação mediada de um estímulo aversivo (punição positiva), ou com a retirada mediada de um reforçador (punição negativa), sempre contingente a um dado comportamento (Abreu & Abreu, 2015b; 2017b). A regularidade com que um cliente tem seus comportamentos punidos pode levá-lo a desenvolver transtorno depressivo maior (TDM).

A punição provoca efeitos colaterais como a produção de respondentes intensos e comprometedores (p. ex., emoções), o estabelecimento dos comportamentos e das circunstâncias associados à punição como fonte adicional de estimulação aversiva, e a aprendizagem de repertórios de fuga e esquiva pela pessoa que teve os seus comportamentos punidos (Skinner, 1953/19658). Os sentimentos de disforia seriam produto de todos esses efeitos indesejados da punição.

As punições podem ser identificadas na determinação de um episódio depressivo e/ou na manutenção das esquivas passivas aprendidas (Abreu & Santos, 2008). Brigas recorrentes, não reconhecimento profissional, suspensão do afeto e desqualificação parental são exemplos de punições. A manutenção da depressão pode ocorrer em decorrência da generalização dos comportamentos de esquiva aprendidos[6], e da aprendizagem de novos repertórios de evitação. Alguém que desenvolve esquivas de um colega de trabalho pode também passar a esquivar outras circunstâncias e pessoas indiretamente envolvidas. Em um segundo momento, quando já em depressão, pode evitar ter que acordar pela manhã e ter que interagir com os familiares. Por fim, a pessoa acaba pedindo um laudo médico que justifique o afastamento temporário. Nesse sentido, é comum o aumento gradativo da gravidade do TDM em decorrência da diminuição da RCPR.

Não podemos erroneamente achar que o comportamento de esquiva é desadaptado ao seu ambiente, ou mesmo disfuncional. A esquiva tem a função de diminuir a intensidade, postergar ou evitar a produção de estímulos aversivos (Sidman, 1989). Nesse sentido, ela guardaria adaptação direta da pessoa com o ambiente aversivo, no sentido de preservá-la dos efeitos deletérios da punição social.

É importante frisar, ainda, que os repertórios de esquiva não podem ser tomados como a etiologia da depressão, visto que os dados apontam para uma multideterminação em diferentes níveis de análise, como o comportamental e o biológico (Sadock et al., 2015). Contudo, a esquiva passiva mantém o depres-

---

6 A definição da generalização na análise experimental do comportamento refere-se tanto à noção de procedimento quanto de processo. Enquanto procedimento, seguido de um treino discriminativo em laboratório, apresentam-se estímulos antecedentes similares às condições de treino. Como processo, a generalização é a emissão de respostas em um contexto diferente do tratamento, após a sua retirada (Sarmet & Vasconcelos, 2015).

sivo cronicamente enfermo, pois interfere na RCPR. Quando, por exemplo, um depressivo passa a faltar ao trabalho, ele acaba perdendo o contato com os reforçadores positivos únicos providos pela instituição, como as conversas com amigos de sua equipe ou a tarefa profissional em si.

TRANSTORNO DEPRESSIVO MAIOR COM SINTOMAS ANSIOSOS

É importante especificar a presença da ansiedade durante formulação da concepção de caso. Segundo o DSM-5 (American Psychiatric Association, 2014), para o diagnóstico de TDM com sintomas ansiosos, dois dentre cinco sintomas ansiosos ocorrem durante a maioria dos dias de um TDM ou transtorno depressivo persistente (TDP) São eles: (1) sentir-se nervoso ou tenso; (2) sentir-se anormalmente inquieto; (3) ter dificuldade de se concentrar devido a preocupações; (4) sentir temor de que algo terrível aconteça; e (5) ter o sentimento de que possa perder o controle sobre si mesmo. Altos níveis de ansiedade indicam maiores probabilidade de tentativa de suicídio e maior duração do TDM, além de pior prognóstico devido à não resposta aos tratamentos (American Psychiatric Association, 2014).

A esquiva tende a ocorrer em maior frequência sempre diante de uma circunstância que sinaliza a punição. Essa circunstância é chamada de estímulo pré-aversivo antecedente. Assim, a esquiva poderia ocorrer na presença de algum contexto pré-aversivo no trabalho que antecede a punição de um chefe, por exemplo.

Contudo, se fosse possível esquivar efetivamente os comportamentos dos agentes punidores a todo momento, ou os contextos aversivos associados, não observaríamos ansiedade coocorrendo com os estados depressivos. Isso porque existem circunstâncias sem qualquer oportunidade para a esquiva, ou em que a esquiva pouco habilidosa não tem como ser efetiva. No nosso exemplo, a presença em uma reunião da empresa pode ser um compromisso de grande responsabilidade e de difícil esquiva do contato direto com o chefe. Situações como essa ilustram como as contingências a que os depressivos respondem podem ser muito mais complexas, eliciando ansiedade, característica dos quadros de TDM com sintomas ansiosos.

A ansiedade ocorre no tempo transcorrido entre o contato com a circunstância pré-aversiva antecedente e o estímulo aversivo (no caso a punição), na impossibilidade da esquiva (Estes & Skinner, 1941). Contingências como essas parecem mesmo justificar a alta comorbidade entre transtornos depressivos e ansiosos (American Psychiatric Association, 2014).

INTERVENÇÕES PROPOSTAS

É importante primeiramente que o cliente vá ganhando consciência de que as esquivas passivas, embora evitem o contato com o comportamento punitivo do outro, não são efetivas em médio e longo prazo. As análises de consequências feitas a partir dos comportamentos em contexto listados na agenda são importantes nesse sentido. Somado às análises conduzidas pelo terapeuta em sessão, o ensino da identificação da esquiva passiva e do comportamento de enfrentamento alternativo, por meio dos acrônimos GEE1 e GEE2, pode ajudar o cliente a modificar o padrão problemático.

Uma outra variável que deve ser analisada cuidadosamente é a falta de habilidades para o enfretamento ativo. Essas habilidades podem ser sociais, ou não sociais, como as acadêmicas ou profissionais. Frequentemente entre terapeutas muito se discute sobre as habilidades sociais, mas muito pouco sobre as não sociais. Um cliente depressivo que, por exemplo, perde o emprego pode necessitar uma recolocação em sua carreira em ordem de retomar alguma atividade profissional. Nesse sentido, necessitaria desenvolver habilidades como fazer um bom currículo, procurar agências de emprego, preencher formulários de *sites* empresariais destinados a cadastrar candidatos a vagas de empregos, fazer algum curso de atualização etc. Apresentamos algumas perguntas úteis para a avaliação do repertório de habilidades não sociais do cliente, propostas por Kanter et al. (2009). São elas:

- Você já fez antes esse tipo de coisa com sucesso, ou o que é realmente novo para você?
- Você tem alguma ideia do que precisa para começar?
- Que tipos de coisas você planeja para dar conta dessa atividade?
- Você já começou a se engajar na resolução do problema e de repente emperrou? Se sim, em que ponto?

A última pergunta sobre as tentativas frustradas de resolução de problema é de especial interesse para análise. O terapeuta não deve nunca subjugar o cliente depressivo, a despeito da vulnerabilidade apresentada em sessão. O terapeuta tem que estar atento para sempre desarmar essa armadilha quando a vir em sua frente. Muitas vezes o caso pode sugerir alguma incompetência ou falta de iniciativa do depressivo na resolução dos problemas. O cliente pode já ter tentado resolver o problema e, durante o processo, ter descoberto algum obstáculo intransponível. Sugerimos então ao terapeuta perguntar em que medida o cliente conseguiu resolver o problema, quais fatores contribuíram para o sucesso parcial, além de analisar os fatores responsáveis pela inefetividade da solução adotada.

COMPORTAMENTO DEPRESSIVO MANTIDO POR REFORÇAMENTO APRESENTADO PELA FAMÍLIA

Durante o curso do TDM, os comportamentos de passividade e evitação generalizada de demandas podem passar ao controle de reforçadores apresentados da família. Essa característica tem sido conceituada como ganho secundário do sintoma (Kanter et al., 2009).

Assim, uma família pode dar mais atenção ao depressivo. A atenção excessiva ocorre quando, por exemplo, um pai cuidador passa a dormir na casa do filho solteiro todas as noites. Via de regra, as mudanças promovidas para acomodar essa demanda quase sempre trazem algum problema de difícil manejo ao familiar. O mesmo pai que passa a dormir todas as noites na casa do filho depressivo poderia chegar mais tarde ao trabalho devido à maior distância de deslocamento a partir do endereço do filho. É interessante o terapeuta sempre comparar os comportamentos de atenção dos familiares antes e após o desenvolvimento da depressão. Essa análise comparativa permite identificar se há excessos ou déficits de cuidado, e se houve ainda uma diversificação da atenção às expensas dos compromissos e obrigações pessoais do cuidador familiar.

Outro tipo de reforçamento do comportamento inadequado seria livrar o cliente de demandas que usualmente eram de sua responsabilidade. As tarefas domésticas são bons exemplos. É comum nas famílias cada integrante ficar responsável por alguma tarefa na administração do lar. Assim, considere que antes da depressão um cliente era o responsável pelas compras, por lavar a louça e por recolher os lixos. Após o desenvolvimento do transtorno, os familiares acabam muitas vezes assumindo essas responsabilidades, por força da coerção de ameaças indiretas, como o suicídio, ou pela preocupação dos familiares com a crescente fragilidade do cliente. Desse modo, acabam reforçando negativamente uma série de comportamentos inadequados, colaborando para manter em curso o repertório de passividade.

O manejo de contingência junto aos familiares é indicado na resolução desses problemas (Kanter et al., 2009). Junto à família, são dadas orientações de como lidar com o cliente, reforçando diferencialmente os seus pequenos avanços, e não reforçando o comportamento depressivo com a atenção ou a dispensa das pequenas demandas domésticas.

Normalmente, são necessárias algumas sessões para que os familiares aprendam as novas habilidades. O reforçamento diferencial requer, por exemplo, que os familiares fiquem sob o controle dos pequenos progressos do cliente rumo à mudança final, e não das brigas e discussões que acontecem ao longo dia. Nessa tarefa é importante também analisar funcionalmente o comportamento bem-sucedido dos familiares, no sentido de evidenciar as variáveis envolvidas, bem como os procedimentos que não deram certo.

Os atendimentos acontecem sempre na presença do cliente. A ideia é empoderar o cliente depressivo, e não o tratar como um incapaz. A família e o cliente devem adquirir a postura de um time que trabalhará duro rumo à melhora. Nesse sentido, por exemplo, em ordem de reapresentar as demandas domésticas usuais, sugere-se que isso seja feito gradualmente, priorizando menos conflito e aumentando a chance de reforçamento na execução completa da tarefa.

Capítulo 9
Integrando a psicoterapia analítica funcional (FAP)

Em caso de déficits de habilidades sociais, para além do treinamento simples de habilidades (Libet & Lewinsohn, 1973), temos integrado a psicoterapia analítica funcional (FAP) para a modelagem *in vivo* das novas habilidades. Nesse capítulo detalharemos em que situações a FAP pode entrar como componente da ativação comportamental (BA) e como se dá essa integração.

A FAP foi criada como proposta para o tratamento dos problemas de inter-relacionamento do cliente. É um sistema de psicoterapia comportamental que trabalha diretamente a aliança terapêutica com o objetivo de desenvolver no cliente repertórios de relacionamento mais adequados ao seu ambiente social. As intervenções da FAP envolvem desenvolver uma relação reforçadora com o cliente e levá-lo a aprender e exercitar formas mais genuínas de se relacionar que o coloquem em verdadeira conexão com as outras pessoas. Segundo Holman et al. (2017), a essência da FAP reside naqueles momentos da relação terapêutica em que um entendimento compassivo e funcional do outro permite ao terapeuta observar e reforçar diferentes formas de se relacionar.

O reforçamento dos comportamentos de interação social ocorre a partir dos comportamentos do terapeuta. Em sessão, por meio desse contexto de aprendizagem social, o terapeuta tem a oportunidade de estreitar o vínculo terapêutico para uma relação genuína e próxima do cliente. O objetivo final é que o cliente tenha as novas formas de se relacionar, aprendidas na relação com o terapeuta, generalizadas para outras relações sociais. Vale ressaltar que, dentro da perspectiva da BA, comportamentos sociais habilidosos produzem reforçamentos positivos dispostos pelo outro. E os reforçadores positivos sociais são os mais poderosos reforçadores para a nossa espécie! Os clientes podem desenvolver uma depressão, ou mesmo sair do quadro depressivo, em função do contato com pessoas que se constituem como fontes de reforçamento social positivo.

DESENVOLVENDO REPERTÓRIOS DE HABILIDADES SOCIAIS A PARTIR DA MODELAGEM EM SESSÃO

Um dos dados mais contundentes da análise experimental do comportamento é que quanto mais próximo no tempo o reforçador estiver do comportamento reforçado, maior será o efeito do fortalecimento desse desempenho.

Da mesma forma, quanto mais próxima estiver a punição do comportamento punido, tanto maior será o seu efeito de suprimir a frequência do desempenho (Kohlenberg & Tsai, 1991). O bloqueio de esquiva, que é uma intervenção por vezes necessária, pode exercer efeito supressivo sobre o comportamento punido.

Pensando no potencial do processo do reforçamento contingente, é de se esperar que a modelagem de novos repertórios no aqui e agora tenha grande utilidade no desenvolvimento de repertórios socialmente habilidosos no depressivo. A FAP é uma terapia em que a relação terapêutica é priorizada pelo entendimento de que em sessão o terapeuta reforça ou pune contingentemente o comportamento do cliente, podendo com isso modelar diretamente os comportamentos habilidosos. Tecnicamente falando, a modelagem envolve o reforçamento diferencial de pequenos avanços que se aproximam dos comportamentos habilidosos de inter-relacionamento (Kohlenberg & Tsai, 1991).

Embora exista uma proposta de BA com treinamento de habilidades sociais (THS) específicas para depressivos (Lewinsohn et al., 1992), no manual BA-IACC vimos potencial para integração com a FAP devido ao enfoque na modelagem direta de habilidades da relação com o terapeuta (Kanter et al., 2008; Bush et al., 2010). As evidências a favor da FAP comparativamente ao THS ainda são preliminares, e inexistentes no caso da depressão.

Contudo, recentemente, Magri e Coelho (2019), em uma pesquisa de processo com um delineamento de sujeito único, compararam os efeitos das intervenções FAP e THS em habilidades sociais de um participante adulto. Foi utilizado um delineamento AB1CB2, sendo A de linha de base, B1 e B2 de intervenções FAP e intervenção THS, respectivamente, e C a fase em que se alternaram as intervenções. Os resultados mostraram um aumento na frequência de comportamentos-alvo ao longo das intervenções, com maiores frequências nas sessões de FAP. Somado a isso, o nível de ansiedade relatado nas sessões de THS foi maior que o relatado na FAP.

REFORÇAMENTO NATURAL *VERSUS* REFORÇAMENTO ARBITRÁRIO

A distinção entre reforçamento natural e reforçamento arbitrário é um conceito central na FAP (Kohlenberg & Tsai, 1991). Do ponto de vista da aplicação, o que tem de mais fundamental no conceito é que o reforçamento natural é uma forma de reforçar que se aproxima da maneira com que é feita por outras pessoas do círculo social do cliente (Ferster, 1967). Nesse sentido, o novo comportamento que foi reforçado tem maior chance de generalização para as outras interações sociais. Já o reforçamento arbitrário é uma forma de reforçar do terapeuta que usualmente não é a maneira com que as pessoas reagiriam ao comportamento do cliente.

Esse conceito não exaure as discussões sobre sua abrangência, contudo, vemos como sendo suficiente e adequado para a interpretação na clínica.

Considere como exemplo um cliente depressivo que apresenta um comportamento de melhora de pedir uma sessão extra por estar passando por uma crise disfórica. O terapeuta pode então reforçar naturalmente esse pedido de ajuda oferecendo uma sessão extra em sua agenda. Uma forma de reforçamento arbitrário do terapeuta seria apenas verbalizar "obrigado por compartilhar isso comigo", mas não tomar nenhuma atitude prática que fosse reforçadora. No primeiro contexto, atentar para as necessidades do cliente e atender prontamente essa demanda podem ser equivalente ao comportamento de um amigo que normalmente se esforça em encontrar o cliente no café para uma conversa suportativa.

Afirmar a utilidade do reforço natural não significa ignorar a necessidade do reforçador arbitrário sob algumas circunstâncias - especialmente nos estágios iniciais da modelagem do comportamento de melhora. O reforçamento imediato contingente previne problemas da punição e do atraso do reforço que ocorre em ambientes naturais (Kohlenberg & Tsai, 1991). Assim, um cliente inassertivo, que de forma tímida sugere confusão com o fato de o terapeuta não estar abordando a agenda diária que foi preenchida, pode ter o seu comportamento reforçado pelo terapeuta, que, consciente desse comportamento de melhora, esforça-se por usar a agenda em sessão analisando os dados preenchidos. No ambiente extraconsultório, comportamentos com a mesma função e semelhante topografia podem não produzir reforçamento. Em outro relacionamento, por exemplo, muito provavelmente quando esse cliente sugere ao chefe que seu trabalho não está sendo apreciado pela equipe, fingir estar confuso provavelmente não mobilizaria seu interlocutor para a mudança. Então esse comportamento não seria reforçado. Talvez uma comunicação assertiva habilidosa mais enfática pudesse lograr melhor resultado, mas esse seria um desempenho longe do que esse cliente consegue apresentar no presente estágio de aprendizagem.

CRITÉRIOS CLÍNICOS PARA A INTEGRAÇÃO ENTRE A BA E A FAP

O trabalho de integração da BA e a FAP com prioridade na modelagem, por meio do uso de reforçadores naturais (na extensão em que isso seja possível), requer que três critérios sejam contemplados. Primeiramente, que já tenha ocorrido o estabelecimento de um adequado vínculo com o terapeuta, pois os comportamentos deste precisarão ser reforçadores. Segundo, que o cliente esteja passando por um transtorno depressivo maior (TDM). Por último, que a concepção inicial de caso tenha apontado problemas de relacionamento interpessoal como causadores e/ou mantenedores de comportamentos depressivos.

CONCEPÇÃO DOS COMPORTAMENTOS DO CLIENTE NA FAP

Segundo a FAP, três tipos de comportamentos do cliente foram classificados e designados para análise e intervenção terapêutica.

Os comportamentos clinicamente relevantes 1 (CRB1) são classes de respostas que ocorrem na relação terapêutica. Comumente, os CRB1 são esquivas sob controle de estímulos aversivos (Kohlenberg & Tsai, 1991). Um cliente depressivo que se mostra passivo diante das atividades do dia a dia pode apresentar a mesma passividade na relação com o terapeuta, quando não participa ativamente da condução da sessão, ao dar respostas lacônicas, ou mesmo quando apresenta respostas evasivas e desarticuladas, não associadas às perguntas. Outro comportamento de passividade em sessão seria o cliente dificilmente escolher os temas ou rumos dados às sessões. Ao longo das sessões FAP-orientadas, a frequência de CRB1 dever ser reduzida a partir das intervenções do terapeuta.

Os comportamentos clinicamente relevantes 2 (CRB2) são os progressos que ocorrem na relação com o terapeuta. Durante o início do tratamento, os CRB2 podem não ser observados ou ainda ocorrer em uma baixa frequência (Kohlenberg & Tsai, 1991). Considere esse mesmo cliente depressivo que pode apresentar comportamentos rumo à melhora, chamadas de instâncias de CRB2, quando, por exemplo, passa a dar respostas com descrições um pouco mais detalhadas às perguntas do terapeuta, ou quando se esforça para acompanhar o esforço conjunto de interpretação de algum comportamento.

Os comportamentos clinicamente relevantes 3 (CRB3) são as interpretações do comportamento sob o viés do cliente (Kohlenberg & Tsai, 1991). Dadas interpretações são ditas funcionalmente-orientadas pois têm o objetivo levar o cliente a fazer análise funcional do seu comportamento. O melhor CRB3 envolve a observação e a interpretação do próprio comportamento e dos estímulos reforçadores, discriminativos e eliciadores associados a ele, semelhantemente à análise orientada pelos acrônimos GEE1 e GEE2 ensinadas na BA. A análise funcional envolvida no CRB3 pode ajudar na generalização do comportamento.

CONCEPÇÃO DOS COMPORTAMENTOS DO TERAPEUTA NA FAP

As ações do terapeuta podem exercer três funções a partir das quais afetam o comportamento do cliente. São elas as funções (1) discriminativa, (2) eliciadora e (3) reforçadora. A função discriminativa ocorre quando, por exemplo, o terapeuta apresenta um estímulo discriminativo (SD) fazendo perguntas para o cliente em sessão. Quando exercem também função eliciadora, os comportamentos do terapeuta poderão eliciar no cliente emoções como alegria, satisfação ou ansiedade. E, por último, como função reforçadora, quando o comportamento de terapeuta reforça os pequenos avanços do cliente rumo à melhora, por exemplo. Essas funções de estímulo apresentadas pelo terapeuta exercerão seus maiores efeitos sobre o comportamento do cliente que ocorrem na própria sessão.

Mais especificamente, a FAP propõe cinco regras que são diretrizes para orientar essas ações do terapeuta nas suas interações estratégicas com o cliente (Kohlenberg & Tsai, 1991). São elas: (1) observar os CRB1; (2) evocar CRB; (3) reforçar CRB2; (4) observar o efeito do reforçamento; (5) interpretar o comportamento e implementar estratégias de generalização.

De acordo com a Regra 1, se o terapeuta estiver ciente dos CRB do cliente que ocorrem durante a sessão, a modelagem dos comportamentos-progresso no momento de sua ocorrência será facilitada.

As reações que o terapeuta tem aos comportamentos do cliente, como as suas emoções, são ricas fontes de informação. Um terapeuta que se sente invalidado pelas reações do cliente durante um trabalho de interpretação pode estar experienciando os mesmos respondentes que usualmente o cliente depressivo desperta em outros interlocutores. Essas reações podem ser consequências usualmente provocadas nos interlocutores do cliente pelos comportamentos de esquiva passiva.

A Regra 2 envolve o terapeuta evocar o CRB do cliente quando o comportamento pouco ocorre na sessão, ou mesmo quando ele não ocorre. Para isso, o terapeuta deve utilizar gentileza e empatia como crivos sobre como evocar CRB (Del Prette, 2015). Um cliente que relata ser agressivo em suas ponderações com a sua esposa quando se sente contrariado, em assuntos como a forma de criar os filhos, pode não apresentar qualquer comportamento agressivo na relação com o terapeuta. O terapeuta, então, teria como possibilidade estratégica ressaltar algum ponto em que discorde do cliente sobre a criação dos filhos. A discordância seria apresentada como SD para evocar as posturas rígidas do cliente, mas agora na relação com o terapeuta (CRB1). Se o comportamento final desejado para o cliente for que este aprenda a negociar uma maneira da criação dos filhos, no sentido de melhorar a consistência parental do casal, então, a modelagem de instâncias de abertura para diálogo poderia ser o comportamento-alvo (CRB2).

A Regra 3 envolve reforçar as instâncias de CRB2 no exato momento em que elas ocorrerem na sessão com o terapeuta. Uma exigência para a modelagem é que o reforçamento de uma instância de progresso do cliente, ou CRB2, ocorra sempre de forma contingente, ou seja, de forma contígua no tempo e no espaço.

Para a modelagem, ainda, conforme pontuam Kohlenberg e Tsai (1991), cumpre sempre compatibilizar as expectativas do terapeuta com os repertórios atuais dos clientes depressivos. Isso significa estar atento ao nível de habilidades do cliente em quaisquer áreas do relacionamento nas quais o cliente esteja tentando implementar mudanças. Vale alertar para que o terapeuta não perca de vista que o cliente está fazendo o que de melhor consegue, apesar de todas as suas limitações. Um cliente depressivo com histórico de inassertividade que consegue sinalizar de forma tímida sua vontade de ter uma sessão extra deve ser reforçado pelo terapeuta que se esforça por conseguir disponibilizar um horário livre na agenda.

A Regra 4 versa sobre a necessidade de observar os efeitos do reforçamento envolvido na Regra 3. Muitas vezes o terapeuta assume que teve uma conduta reforçadora sem que tenha se certificado de que de fato seu comportamento exerceu o efeito reforçador. Baseamos nossas análises na função dos comportamentos, e não simplesmente na sua topografia ou forma. Dizer que o comportamento do terapeuta foi reforçador implica a necessidade de que ocorra o aumento da frequência do comportamento reforçado do cliente.

Então, mesmo uma topografia de comportamento mais ríspida do terapeuta pode ter o efeito de reforçamento, bem como uma atitude mais delicada pode, de forma inadvertida, exercer algum efeito supressivo indesejado. Uma pergunta "como foi a sua semana?", em um contexto em que o cliente depressivo já tenha se sentido cobrado em terapia, pode exercer o efeito de suprimir o relato dos enfrentamentos programados que deram errado. Isso ocorre quando o cliente omite os relatos de "fracasso" ou "procrastinação". Essa mesma topografia, em um outro momento da terapia em que o cliente já não se sinta mais cobrado por seus avanços, pode exercer a função reforçadora se for observado que o cliente prontamente se põe a relatar os acontecimentos semanais.

A Regra 5 envolve fornecer interpretação para o comportamento do cliente e implementar estratégias de generalização. As interpretações são as mesmas envolvidas no CRB3, porém, a Regra 5 tem o objetivo de sensibilizar o terapeuta para o momento certo de se fazer isso. Considere o recorte de sessão a seguir.

Terapeuta: Você conseguiu preencher a nossa agenda essa semana?

Cliente: Desculpe, doutor, eu não consegui fazer, pois perdi novamente a folha. (CRB1)

Terapeuta: A agenda ajudaria muito na nossa percepção de como foi a sua semana, como expressei há algumas semanas. Quando perguntei sobre a agenda nas outras ocasiões, você justificou o não preenchimento, e trabalhamos como podíamos. Mas me perguntei o quanto talvez nosso trabalho não teria rendido melhores análises, caso tivéssemos as informações sobre o que você fez e o que sentiu, ao longo daqueles dias.

Cliente: Na verdade... sempre que você me pergunta sobre o preenchimento da agenda diária eu fico ansioso e penso em que desculpa eu poderia lhe dar para que não fique decepcionado comigo. (CRB3)

Terapeuta: Talvez alguma reação de minha parte tenha sinalizado isso, mas, na verdade, sinto que eu conseguiria lhe ser muito mais útil se tivesse as informações sobre a sua semana. Por isso, acredito que a agenda nos ajudaria bastante nesse sentido. Gostaria muito de que pudéssemos tentar isso.

Quando o cliente pontua que "sempre que você me pergunta sobre o preenchimento da agenda diária eu fico ansioso e penso em que desculpa eu poderia lhe dar para que não fique decepcionado", ele está descrevendo a relação funcional entre antecedente (situação gatilho: "quando me pergunta sobre a agenda"), respondente (emoção negativa: "fico ansioso") e comportamento de esquiva (esquiva: "penso em que desculpa eu poderia lhe dar"). O grande diferencial é que essa interpretação ocorre a partir da sua interação com o terapeuta, e essa é uma rica fonte de informação sobre as regularidades comportamentais que podem também ocorrer nas outras relações sociais do cliente.

Em sessão, o terapeuta pode solicitar também, de forma complementar, uma análise das consequências que foram produzidas pelo comportamento relatado pelo cliente. Nesse sentido, ao ser questionado pelo terapeuta, o cliente poderia então responder "por ficar envergonhado, e achando que você vai me repreender por não ter preenchido a agenda, acabo chegando atrasado, perdendo tempo de terapia". A análise de consequências evidenciaria a produção de problemas complementares como consequência do comportamento de esquiva do cliente. Chegar atrasado é uma esquiva passiva, e um CRB1 para a FAP, que interfere no progresso global da terapia, mantendo o cliente em depressão.

Da mesma forma que o cliente não está respondendo a uma pequena demanda da terapia, esse mesmo comportamento pode ter acontecido em outros contextos sociais, como no trabalho. Considere que uma das queixas do cliente tenha sido sobre o descontentamento de sua equipe de trabalho com o seu desempenho. Quando o cliente estabelece as relações de equivalência funcional entre comportamentos e contextos envolvidos na relação com o terapeuta e em outras relações, o cliente tem oportunidade de mudar sua postura, tentando um enfrentamento que possa lhe trazer melhores consequências. Como ilustração, considere o mesmo cliente citado no trecho a seguir.

Terapeuta: Pelo que entendi, então você fica ansioso, acaba dando desculpas por não ter trazido a agenda preenchida, e isso produz mais vergonha e atrasos à terapia.

Cliente: Sim, acabo perdendo nosso tempo de sessão. Sei que com essa postura não conseguirei sair da depressão. As pessoas estão perdendo a paciência comigo, pois não consigo fazer mais nada. Não é mais como era antes. Às vezes me ponho convicto de que preciso me esforçar e tento dar o meu melhor. (CRB3 com equivalência funcional)

Terapeuta: Entendo realmente que seja difícil e que não sobre muita motivação para fazer diferente. Você mencionou que há outras pessoas com quem você se sente em falta? Seria no trabalho?

Cliente: Sim, no trabalho. O José e o Pedro, que são meus colegas, têm reclamado que estou fazendo meu serviço de forma incompleta e malfeita. Eles estão tendo que refazer tudo por minha causa. Compreendo isso. Eles não têm nada a ver com meus problemas. (CRB3 com equivalência funcional)

Terapeuta: E como isso foi acontecendo?

Cliente: Bom, eu comecei a sair em cima da hora, chegar atrasado ao trabalho, então não tenho tido tempo para fazer as coisas bem-feitas como normalmente eu faço. Claro, eles respondem também por todo o nosso setor de manutenção na empresa. Por isso começaram a me criticar e estão se afastando. (CRB3 com equivalência funcional)

As melhores interpretações são as que relacionam os comportamentos da sessão com os comportamentos que acontecem extrassessão, em outras relações do círculo social do cliente. O trecho apresentado mostra como o terapeuta conduziu a modelagem da interpretação funcional do cliente a respeito de seu próprio comportamento na relação com o terapeuta e na relação com os colegas de trabalho. O CRB3 traz como diferencial o fato de as esquivas passivas analisadas terem acontecido na relação com o terapeuta, e no contexto da terapia. O CRB3 que estabelece equivalência funcional permitiu ao cliente ter consciência de que existia semelhança do afastamento que seu comportamento produziu do terapeuta e dos colegas de trabalho. O cliente pode, a partir dessa análise, tentar mudar o padrão para algum comportamento de enfrentamento.

A probabilidade de generalização maior ocorre devido ao seguimento pelo cliente das interpretações funcionalmente-orientadas ou CRB3. O formato FAP permitiria ao terapeuta modelar CRB3 que são mais consistentes com a interação que acabou de ocorrer em sessão, além do que ao terapeuta é dada a possibilidade de reforçar o seguimento do CRB3 modelado ao longo da terapia (Abreu, Hübner & Lucchese, 2012).

Como ferramenta para implementar estratégias de generalização dos CRB2, utilizamos a agenda diária, conforme sugerem Kanter et al. (2009). Assim, no exemplo acima listado, o terapeuta poderia combinar com o cliente um dia para que este inicie uma conversa com os colegas de trabalho. Na análise, poderia ser eleito como um momento mais propício do dia o período em que os colegas estejam menos atarefados, com menos interferências de atores externos à relação, e por isso talvez mais abertos para uma conversa reparadora. O objetivo do uso da agenda é programar o exercício das novas habilidades sociais nas relações extraconsultório, e não simplesmente apostar que a generalização naturalmente ocorra.

Vale a pena enfatizar que os clientes depressivos com problemas de inter-relacionamento vêm à terapia para melhorarem suas condutas sociais lá fora, e não simplesmente com o terapeuta. Nesse sentido, a generalização deve ser priorizada nas intervenções FAP-orientadas.

UMA SÍNTESE DO MODELO DA FAP

O sistema da FAP pode ser adequadamente proposto com base nos comportamentos do terapeuta e do cliente. Um modelo da FAP é proposto com síntese na Figura 2 a seguir.

A Figura 2 descreve no retângulo de cima e ao lado esquerdo uma história relevante envolvendo contingências sociais críticas para a aprendizagem de comportamentos problemáticos de inter-relacionamento. O retângulo maior abaixo representa a vida extraterapia do cliente. Os problemas na vida envolveriam as consequências negativas produzidas pelas interações sociais problemáticas do cliente, como isolamento e brigas constantes. No contexto de terapia, representada pelo retângulo menor mais abaixo, esses mesmos padrões de se relacionar também ocorreriam na relação com o terapeuta. Nesse contexto, seriam chamados de CRB1. As Regras 1 e 2 orientam o terapeuta a observar as interações com o cliente no momento exato em que aparecem os CRB e, se necessário, evocar instâncias desse CRB na ordem de poder intervir. As Regras 3 e 4 orientam o terapeuta na modelagem do CRB2, pois enfatizam o reforçamento e a observação do efeito desse reforçamento. O produto final da modelagem seria o aumento gradativo da frequência dos CRB2. Então, o terapeuta reforça novas instâncias de CRB2, analisa funcionalmente junto ao cliente os seus CRB e planeja estratégias para generalização das novas habilidades. As análises seriam CRB3 e a regra que orienta o comportamento do terapeuta na formulação de CRB3 é a Regra 5. Na integração com a BA, a agenda diária pode ser usada como estratégia para a generalização dos CRB2 aprendidos na relação com o terapeuta.

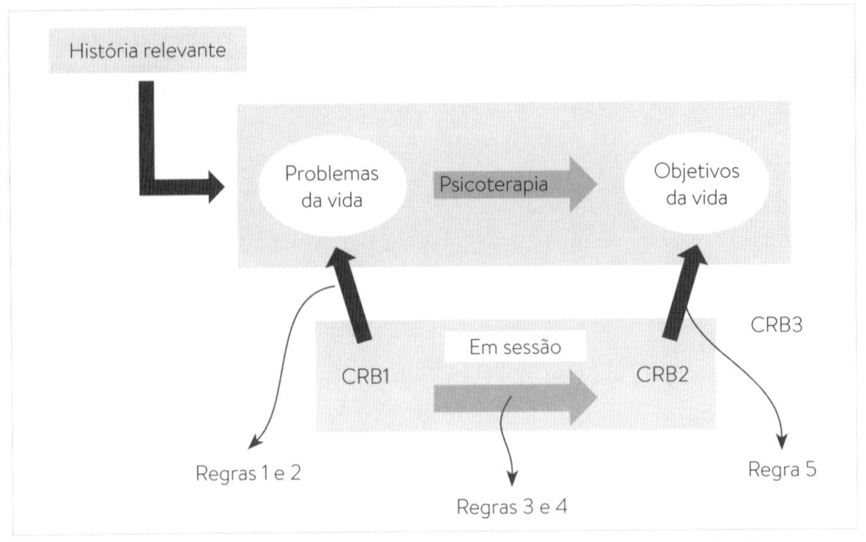

Figura 2 Formulação de caso segundo a psicoterapia analítica funcional (FAP).

POTENCIALIZANDO A INTEGRAÇÃO COM A BA: UTILIZANDO O MODELO DE INTERVENÇÃO FAP BASEADO NA SEQUÊNCIA LÓGICA DOS 12 PASSOS

O que há de mais fundamental para a designação de um caso para a integração da BA com a FAP é que o cliente seja diagnosticado com TDM e que apresente problemas na interação social, tidos sob a perspectiva da BA como esquivas passivas que cronificam a depressão. Por esse motivo, esses problemas de comportamento poderiam ser modificados diretamente na aliança terapêutica com o terapeuta, sob a perspectiva dos CRB e da generalização.

No manual BA-IACC, o modelo das cinco regras da FAP necessitou ser adaptado. E a melhor operacionalização que atendia a essa demanda veio a partir do contexto de pesquisa com o modelo FAP baseado na sequência lógica de 12 passos (Weeks et al., 2011). Esse modelo foi derivado das cinco regras para contextos de intervenção em pesquisa (Vandenberghe, 2017). Utilizamos a sequência lógica de 12 passos visto que a integração da FAP com a BA aqui proposta aborda intervenções FAP-orientadas, e não a aplicação integral daquele sistema de psicoterapia. Nossa terapia-base guia continuará sempre sendo a BA, e por isso a integração com a FAP precisaria ser pontual no tempo e no espaço, sendo por isso conduzida de forma breve e estratégica.

Os 12 passos lógicos conforme Weeks et al. (2011) são apresentados na Tabela 8.

Tabela 8 Interação lógica com as cinco regras da psicoterapia analítica funcional (FAP)

Regra	Passo
Regra 1	1. Terapeuta provê um paralelo de "fora para dentro"
	2. Cliente confirma a acurácia do paralelo
Regra 2	3. Terapeuta evoca um CRB
	4. Cliente se engaja no CRB1
Regra 3	5. Terapeuta responde contingentemente ao CRB1
	6. Cliente se engaja no CRB2
	7. Terapeuta responde contingentemente ao CRB2
	8. Cliente se engaja em mais CRB2
Regra 4	9. Terapeuta pergunta sobre o efeito de sua resposta sobre o cliente
	10. Cliente se engaja em mais CRB2
Regra 5	11. Terapeuta provê um paralelo de "fora para dentro" e passa uma tarefa de casa baseada na interação
	12. Cliente reporta disposição para tentar a tarefa de casa

CRB: comportamentos clinicamente relevantes.

Considere uma intervenção sob o comportamento de ruminar publicamente realizada pelo primeiro autor junto a uma competente produtora cultural de 40 anos de idade, que pontuou 32 no BDI-II. Como contexto de vida, a cliente vinha se engajando na submissão de projetos culturais a editais de cultura ofertados pelos governos municipais e federal. Estava atravessando dificuldades financeiras, pois a maior parte de sua renda advinha desses projetos, que estavam mais escassos por conta do momento político nacional. Alguns dos projetos da cliente que deveriam ser submetidos a esses editais traziam coautoria com outros artistas e, portanto, requeriam dados conjuntos para o preenchimento dos campos de inscrição nos *sites*. Considere dois recortes de interações que ocorreram em diferentes sessões subsequentes, mais especificamente, nas sessões 8 e 9.

Sessão 8

Cliente: Meus familiares têm reclamado que passo muito tempo irritada com o cenário atual da nossa política. Não que eles não se irritem também, sabe? Certamente eles não estão felizes com tudo isso. O problema, segundo eles, é que eu acabo ficando presa em reclamações repetidas sobre o governo e me esqueço de organizar a vida. O fato é que tanto eu quanto meus amigos artistas passamos muito tempo falando, irritados sobre o quanto estamos ficando reféns desses governos de direita.

Terapeuta: E essas reclamações, você acaba também tendo consigo mesma?

Cliente: Muito! Às vezes parece um filme de terror que eu estou assistindo de volta e de volta. São verdadeiras brigas imaginárias.

Terapeuta: Você já teve essas reclamações aqui comigo? (*Terapeuta provê um paralelo de "fora para dentro"*)

Cliente: Talvez eu esteja fazendo isso mesmo. (*Cliente confirma a acurácia do paralelo*)

Terapeuta: Quanto mais fragilizada e mergulhada em problemas financeiros você vem à sessão, mais reclama do governo. O que lhe parece?

Cliente: Está difícil não fazer isso. (*Cliente confirma a acurácia do paralelo*)

Nesse trecho, o terapeuta, por já ter presenciado o ruminar do cliente em sessão, aproveitou o relato do descontentamento dos familiares e apresentou um paralelo do seu comportamento fora da sessão com o comportamento em sessão. O cliente confirmou a acurácia da interpretação. Seguiremos com a descrição do recorte da sessão 9.

Sessão 9

Terapeuta: Então, como foram as submissões dos seus projetos aos *sites*? Lembro-me de a gente ter falado de dois dos seus projetos na sua agenda diária. (*Terapeuta evoca CRB de ruminação*)

Cliente: Sim, fizemos isso.

Terapeuta: E como foi?

Cliente: Então... eu reuni os documentos para dar entrada na submissão a partir do meu computador, porém eu acabei ficando bastante ansiosa. Nesse cenário político a extrema direita está gradativamente tomando as principais lideranças, sem qualquer compromisso com a cultura, em um claro projeto de desconstrução das agendas que foram historicamente conquistadas por muitos artistas. E você sabe que um movimento de conservadorismo está gradativamente tomando conta da cabeça das pessoas... Aquela *performance* do artista que fez nu artístico e que foi noticiado na televisão, você ficou sabendo? Na matéria mostraram a visita da mãe com a sua filha pequena. A filha tocou o artista e aquilo foi apresentado como sendo algo que feriu todo o decoro moral das famílias brasileiras "de bem". Aquela mãe é uma artista e levou sua filha para prestigiar o trabalho. Ela também é artista! E conhecendo como é o meio, certamente estava querendo levar a filha para que ela fosse desenvolvendo gosto pela arte. Pelo amor de Deus, o olhar da criança é inocente, e assim que estava sendo encarado, de certa forma, pela mãe que é artista. A maldade está no olho das pessoas! Olhe a que ponto chegamos. Esse governo retrógrado está acabando não só com a cultura, mas também mobilizando a população para um embate com os artistas. Que projeto e que governo são esses? Antes tínhamos um cenário de maior respeito ao artista, a arte está aí para aumentar a percepção da realidade política de certa forma, mas antes tem o objetivo de trazer beleza para a vida das pessoas. (*Cliente emite o CRB1 de ruminar*)

Terapeuta: Entendo que o cenário político brasileiro seja desencorajador, mas eu estou particularmente preocupado com a sua tarefa de conseguir submeter os projetos aos editais. Minha preocupação nesse momento é mais pontual e focada nessa tarefa. Para não fugirmos então do tópico, conte como foi isso.

Cliente: Então, eu e meus amigos até nos organizamos pelo grupo que criamos no aplicativo de rede social, mas eles também estão bastante céticos quanto aos rumos do nosso trabalho, da nossa categoria. A incerteza com o dia de amanhã é enorme! Daí eu me esforço e me esforço, e de nada adiantará, pois esse cenário de perseguição da classe artística é horrível, e não deveria ser tolerado pela população. (Choro.) A população, aliás, esses são os mais indefesos no meio dessa cruzada ideológica da direita. (*Cliente emite novamente CRB1 de ruminar*)

Terapeuta: E então, teve sucesso com as submissões aos editais?

Cliente: (Responde sem ficar sob o controle da pergunta do terapeuta.) E quando fui à Secretaria de Cultura na prefeitura, estava lá uma funcionária que não sabia absolutamente nada de como funciona a coisa, certamente uma indicação desse atual prefeito, e eu não tive qualquer orientação que auxiliasse nas minhas dificuldades. Essas indicações são sempre assim, tiram os funcionários que são técnicos contratados pelas gestões anteriores e empossam apadrinhados que não têm qualquer conhecimento, e muito menos gosto por cultura.

Terapeuta: Fernanda, eu estou sentindo que não estou conseguindo te ajudar nesse exato momento. Preste atenção (terapeuta se aproxima da cliente para capturar sua atenção). Eu estou me sentindo como se estivesse usando uma camisa de força e por isso não estou conseguindo lhe ajudar, estando totalmente imobilizado. (*Terapeuta responde contingentemente ao CRB1*)

Cliente: Está acontecendo de novo, não? Desculpe.

Terapeuta: Senti que você perdeu conexão comigo, como se estivesse entrando em um grande monólogo, do qual eu não participo. E, assim, cessou o nosso diálogo. Vamos tentar novamente. O que você consegue se lembrar do que eu lhe perguntei sobre a tarefa? (*Terapeuta continua respondendo contingentemente ao CRB1*)

Cliente: Você me perguntou se eu consegui submeter meus projetos. Sim, a gente agendou essas tarefas e eu havia me programado para tentar reunir presencialmente os meus colegas para isso. (*Cliente se engaja no CRB2*).

Terapeuta: Isso mesmo, você conseguiu atentar bem para esse ponto. E o que você conseguiu realizar? (*Terapeuta responde contingentemente ao CRB2*)

Cliente: Bem, com relação ao projeto do edital estadual, eu não fiz nada. Até criei um grupo no aplicativo para organizar a turma. Você sabe, que quando precisamos prontamente dos dados de carteira de identidade ou CPF das pessoas, e mesmo informações de currículo delas, sempre acabamos empacando por não ter muito fácil essas informações. Então, pensei que facilitaria nos mantermos em contato. Fiz esse grupo para acelerar nossa comunicação. (*Cliente se engaja em mais CRB2*)

Terapeuta: E conseguiram submeter? Quais foram as dificuldades?

Cliente: Ainda não conseguimos. Mas pelo menos já estamos conversando mais com a ajuda do aplicativo.

Terapeuta: Esse foi um passo importante. Deixe-me perguntar agora: facilita na sua organização eu me interessar sobre o progresso dessa tarefa? (*Terapeuta pergunta sobre o efeito de sua resposta sobre o cliente*)

Cliente: Não é fácil responder quando sei que não consegui resolver o problema. Acho que tenho vergonha, vai ver? Mas me ajuda a tomar alguma atitude. Tive ao menos que criar o grupo para que a coisa começasse a deslanchar. Meus colegas já me passaram muitas informações. Antes, nas poucas vezes em que consegui ligar, eles não atenderam o telefone, e isso foi muito desmotivador. (*Cliente se engaja em mais CRB2*)

Terapeuta: Falar sobre a resolução de um problema é também abrir o coração para todas as nossas limitações. É muito difícil e requer coragem. E, sim, foi mais fácil falar sobre o governo nessas ocasiões. Porém, não resolveu seu problema. Assim você fez em sessão, e assim você parece estar fazendo com os familiares quando eles lhe perguntam como você está fazendo para mudar a sua situação. *(Terapeuta provê um paralelo de "fora para dentro" e passa uma tarefa de casa baseada na interação)*

Cliente: Eu faço isso de reclamar e deixo de me engajar naquilo que pode trazer alguma mudança.

Terapeuta: Vamos tentar retomar. O que você acha que ficou faltando para conseguir encerrar essas submissões aos editais? Podemos colocar esses passos como tarefas para a próxima semana. (*Terapeuta provê um paralelo de "fora para dentro" e passa uma tarefa de casa baseada na interação*)

Cliente: Preciso me organizar com isso. (*Cliente reporta disposição para tentar a tarefa de casa*)

A sequência lógica em 12 passos é uma derivação mais sistemática no trabalho da FAP orientado pelas cinco regras. Traz a vantagem de poder ser integrada à BA sem que se percam os objetivos fundamentais de aumento da taxa de respostas contingentes ao reforçamento positivo (RCPR).

Capítulo 10

Integrando a terapia de aceitação e compromisso (ACT)

As explicações dos comportamentos na depressão a partir de processos e princípios comportamentais permitem uma integração coerente da ativação comportamental (BA) e da terapia de aceitação e compromisso (ACT; Abreu & Abreu, 2015; 2017b). Somado a isso existiria uma distinta semelhança entre as filosofias do behaviorismo radical da BA-IACC e do funcionalismo contextual da ACT. Ambas as filosofias elegeram como fenômeno para investigação as relações indissociáveis que o comportamento estabelece com seu ambiente, sobretudo social (Hayes, Hayes & Reese, 1988).

A ACT é um sistema de psicoterapia formulado para trabalhar problemas de comportamento que se originam de características relevantes da linguagem e da cognição humanas, relacionadas ao sofrimento psicológico, como a formulação e o seguimento de regras que especificam as causas do sofrimento psicológico. As pessoas aprendem a dar razões para as causas de seus sofrimentos, e muitas vezes as razões dadas têm como protagonistas os eventos privados, como sentimentos e pensamentos "negativos", ou mesmo conceitos que sugerem instâncias causais subjetivas, como personalidade, temperamento ou padrão familiar herdado de comportamento.

A premissa de que os pensamentos e sentimentos vistos como "negativos" são a causa de sofrimento psicológico é uma explicação usual e cultural dada por clientes depressivos, que sob a urgência de uma melhora formulam regras como "eu preciso me sentir melhor", "eu não consigo pegar o meu filho na escola porque estou muito triste", ou "eu não consigo trabalhar, pois minha ansiedade me impede". A partir daí o depressivo acaba se engajando em uma série de comportamentos de esquiva experiencial, com função de evitar o contato com a estimulação privada exercida por pensamentos e sentimentos aversivos.

Assim, um pai divorciado pode esquivar de ver os filhos para não se sentir mal e ter pensamentos de que falhou na paternidade, uma outra depressiva pode ficar dormindo para escapar do desconforto originado pelos desafios do seu trabalho, ou mesmo dormir menos para escapar dos pesadelos e dos pensamentos negativos. A mesma depressiva pode também comer muito para combater a solidão, ou comer pouco, se comer resulta em pensamentos de que vai engordar e de que não vai conseguir arranjar um namorado. Com o passar do tempo o depressivo pode desenvolver um amplo repertório de esquivas experienciais, de eventos privados aversivos, como pensamentos, lembranças, imagens ou emoções. O controle das emoções por meio da esquiva experiencial passa a ser uma frequente preocupação do depressivo em sofrimento. O cliente acaba construindo com isso uma "agenda de mudança" pessoal, baseada no controle emocional, com esforços para evitar o contato com os eventos subjetivos. É como se nessa "agenda" a pessoa assumisse que não pode ter sentimentos e pensamentos negativos, pois tê-los implica "estar" triste e em depressão. Um amplo e prevalente repertório de esquivas experienciais pode ser aprendido gerando inflexibilidade psicológica.

As esquivas experienciais, embora bem-sucedidas em curto prazo, tendem a manter ou exarcebar os problemas em longo prazo. Elas mantêm os depressivos preservados do contato com a estimulação privada aversiva, mas bloqueiam o contato ou, ainda, criam insensibilidade a outras contingências de reforçamento. De um ponto de vista da BA-IACC, elas diminuíram a taxa de respostas contingentes ao reforçamento positivo (RCPR), o que manteria a pessoa cronicamente em depressão.

Para Hayes et al. (1996) a esquiva experiencial é um fator funcionalmente importante na etiologia e na manutenção de vários padrões psicopatológicos, entre eles a depressão. Regras como "eu não posso ter sentimentos de fracasso", ou "se pensamentos negativos, então vida miserável", são aprendidos nas práticas culturais. As pessoas de uma cultura reforçam e fortalecem de classes generalizadas de seguimento dessas regras que especificam o controle emocional (Hayes et al., 1996).

CRITÉRIOS CLÍNICOS PARA A INTEGRAÇÃO ENTRE A BA E A ACT

Atualmente inexistem *guidelines* com critérios empiricamente validados de quando integrar a BA e a ACT. Contudo, observamos na clínica que alguns clientes não desistem da esquiva experiencial, dando razões (*reason giving*), tentando formular *insights* sobre as causas de sua depressão. E muito das explicações constituem regras especificadoras de esquivas experienciais.

Addis e Jacobson (1996) observaram no estudo de componentes da terapia cognitiva na depressão de Jacobson et al. (1996) que os participantes que apresentaram mais razões para as causas de sua depressão apresentaram pior desfecho sob a BA. Assim, clientes que alegaram, por exemplo, problemas de traços, personalidade ou, ainda, respostas a problemas existenciais, pontuaram resultados clínicos mais pobres. No manual BA-IACC orientamos a integração com a ACT em clientes com alta frequência de esquivas experienciais e que apresentam muitas razões causais caracterológicas ou existenciais para sua depressão. A ACT atuaria nos alvos verbais de dar razões dos clientes, por meio das estratégias de desfusão cognitiva, potencializando de forma sistemática a aceitação de estímulos aversivos privados, além de atuar em questões existenciais, como a identificação e a clarificação de valores (Kanter, Baruch & Gaynor, 2006).

MODELO FEAR DA ACT NO TRATAMENTO DA DEPRESSÃO

Zettle (2011) propôs uma adaptação do modelo FEAR da ACT para o tratamento da depressão. O modelo FEAR é um acrônimo que se baseia em quatro tendências que o indivíduo depressivo estabelece de forma rígida: a fusão com os pensamentos, a avaliação (*evaluation*) da experiência, a evitação (*avoiding*) da experiência e a racionalização.

Fusão com os pensamentos

É a habilidade verbal de considerar uma palavra como o objeto a que ela se refere. Por historicamente experienciar sentimentos e pensamentos negativos dentro de seu corpo, a pessoa passa a conceber a si mesma como sendo algo "negativo". O histórico de fusão cognitiva pelo qual o depressivo passa faz com que ele esqueça que o evento causador da sua enfermidade não é um sentimento, uma sensação, memória ou pensamento. Assim, conforme Hayes et al. (1999):

> "Por exemplo, um cliente diz 'eu sou depressivo'. A afirmação parece como uma descrição, mas não é. Ela sugere que o cliente se fusionou com o rótulo verbal e trata isso como uma questão de identidade, e não de emoção. 'Eu sou depressivo' fusiona um sentimento como um estado de ser – 'sou' é, em síntese, apenas uma forma da palavra 'ser'. No nível descritivo o que está acontecendo é algo mais próximo de 'eu sou uma pessoa que está tendo um sentimento chamado depressão nesse momento'". (p. 73)

Devido à formação de relações derivadas de estímulos contidos em regras que especificam controle emocional, a pessoa passa a ter com relação aos pensamentos as mesmas relações que tinha diante dos problemas no trabalho, da vida conjugal e das relações sociais conflituosas[7]. Isso ocorre em um segundo momento no curso da depressão, muitas vezes quando o cliente já desenvolveu

7 A explicação dada a esse fenômeno relacional gerou uma teoria chamada de Teoria das Molduras Relacionais, que tem no histórico de reforçamento a explicação funcionalmente-orientada para a aprendizagem de relações derivadas (Abreu & Hübner, 2012).

o transtorno. Em geral os problemas originais "causadores" responsáveis pela instalação do repertório depressivo ficaram no passado.

Avaliação da experiência

Na depressão o cliente se engaja com tenacidade em uma "agenda de mudança" como tentativa de se sentir livre dos sentimentos e pensamentos incômodos. Nesse esforço, ocorre a transformação da função de estímulo de uma série de eventos que são comparados a partir de referenciais como melhor, pior, bom ou ruim, legal ou chato etc. Assim, um depressivo pode gastar horas envolvido em ruminações autodepreciativas, a exemplo de "não consigo me sentir melhor, estou doente".

Evitação da experiência

A forma de reagir às avaliações, ao seu turno, leva o indivíduo a desenvolver um repertório de evitação ou esquiva experiencial dos eventos privados. Coerentemente com o que se observa na clínica, seria até tecnicamente mais correto chamar de "fuga experiencial" (Zettle, 2005), pois o indivíduo está preocupado em terminar o contato com a culpa, a vergonha, as lembranças dolorosas das perdas, do que propriamente se antecipando em uma esquiva[8]. As tentativas de fuga das experiências têm um papel central na depressão.

De um ponto de vista do modelo FEAR, sintomas da depressão, como a anedonia e o sentimento de vazio, funcionam para escapar de emoções mais fortes e desagradáveis desencadeadas pelo enfretamento dos problemas (Zettle, 2011). Quanto mais depressiva a pessoa fica, mais difícil é o foco nos problemas reais que causam o transtorno emocional. Portanto, mais complicada se torna o enfrentamento desses problemas.

Na integração proposta contida no manual BA-IACC, e de um ponto de vista de ativação, as esquivas experienciais são esquivas passivas, pois produzem reforçadores negativos em curto prazo e não promovem a resolução dos problemas que mantêm o cliente em depressão.

Racionalização

Clientes tentam tenazmente identificar as causas de sua depressão. Os estímulos aversivos imediatos são os sentimentos, pensamentos ou instâncias sub-

---

8 Por questões de consenso na literatura, utilizaremos o termo "esquiva experiencial", sob o entendimento de que esquivas e fugas estão contidas nesse conceito.

jetivas, como "minha depressão decorre da minha personalidade", "estou triste pois sou muito nervoso" ou "não fui trabalhar pois estava muito triste". Uma implicação dessas ruminações é que esse comportamento faz com que a pessoa esquive ou fuja do que sente ou pensa em vez de resolver a situação.

INTERVENÇÕES DA ACT COM BASE EM COMPONENTES A SEREM INTEGRADOS COM A BA

Segundo Kanter et al. (2006), as intervenções na ACT guardariam uma diferença expressiva das intervenções propostas na BA, pelo fato de esta última ser analítica (p. ex., análise de GEE1 e GEE2) e focada em objetivos (p. ex., produzir aumento de RCPR). A ACT, em contraponto, não tem suas intervenções pautadas dessa forma. O motivo para a proscrição de análises e dos enfretamentos ativos e objetivo-direcionados é que, segundo a ACT, esse esforço levaria o cliente a formular mais razões causais, combustível para um aumento e diversificação das regras e da esquiva experiencial. Isso ocorreria porque as análises verbais interpretativas podem gerar mais relações derivadas entre os estímulos envolvidos nas regras especificadoras de evitação das emoções.

Para um cliente com repertório de esquiva experiencial e que apresente a regra "não consigo me engajar em uma discussão com a namorada por estar triste", uma análise funcional feita a partir dos acrônimos GEE1 e GEE2, que evidencia tristeza e o dormir excessivo sempre diante de uma crítica injusta, embora possa produzir um enfrentamento efetivo, acaba amplificando o controle verbal e as classes de evitações. É como se o cliente que antes apresentava a regra "não consigo me engajar em uma discussão com a namorada por estar triste" passasse ao entendimento "não consigo me engajar em uma discussão com a namorada por estar triste, embora sob essa ou aquela situaç*ão* propícia para uma discussão, isso seja possível". Nesse sentido, notamos um cliente ainda fortemente comprometido com sua "agenda de mudança".

Sob esse cuidado fundamental, as intervenções preconizadas na ACT ocorrem por meio de vivências experienciais, parodoxos terapêuticos e do uso de metáforas (Hayes et al., 1999). Nenhum esforço analítico do terapeuta é recomendado. A ACT integrada à BA-IACC acontece ao longo de vários componentes da terapia, sendo eles: (1) a desesperança criativa; (2) o problema do controle; (3) a aceitação a partir da desfusão; (4) a desfusão do *self*; e (5) a formulação e o compromisso com valores. No protocolo BA-IACC integrado, usamos uma técnica para trabalhar cada um dos componentes, caso a intervenção elencada se mostre adequada e suficiente. Eventualmente outras técnicas são também necessárias em cada um dos componentes. Lembramos nesse ponto que o manual da ACT *standard*

(Hayes et al., 1999) traz uma diversidade de técnicas que podem ser acrescidas de acordo com a demanda clínica.

A ACT entra como um sistema a ser integrado à BA, não requerendo por isso todos os compromissos de aplicação preconizados pelo manual ACT *standard*. Mesmo os objetivos das técnicas poderão ser diferentes nessa adaptação que estamos propondo, como se observará mais à frente.

DESESPERANÇA CRIATIVA

A desesperança criativa é coração da ACT. Esse componente tem como objetivo aumentar a consciência da inoperância e do problema das regras verbais que suportam as esquivas experienciais. Em sessão, o cliente identifica como a esquiva experiencial é relevante na produção do seu próprio sofrimento. A desesperança produzida experiencialmente pelo contato com os problemas gerados pela inoperância da esquiva pode levar o cliente a suspeitar das regras como parte do problema, e não da sua solução. O cliente necessita dessa motivação gerada pela frustração para que consiga depois analisar as esquivas que usualmente apresenta diante das sensações, sentimentos e pensamentos. Em nosso protocolo, utilizamos uma adaptação um pouco mais interativa da Metáfora do Homem no Buraco (Hayes et al., 1999), conforme descrita a seguir.

Terapeuta: Vou pedir agora que você feche os olhos e imagine que está andando em um grande campo aberto, e que traz uma venda nos olhos. Dessa forma, não consegue enxergar nada em seu caminho. Assim, vai andando sem direção certa. Você se dá conta nesse momento de que carrega uma mochila nas costas, mas não sabe o que há dentro dela. Esse campo aberto possui inúmeros buracos, todos muito profundos, como se fossem antigos poços artesianos desativados. Você segue andando sem destino, e de repente cai em um dos buracos. Acaba se machucando muito, porém, por sorte não quebra nenhum osso, e tampouco tem qualquer lesão mais grave. O seu primeiro impulso nesse momento é tirar a venda e estudar o buraco em que se encontra. Você se dá conta então de que as grossas pedras justapostas que o circundam estão bastante úmidas e extremamente escorregadias e que, lá muito longe, é possível enxergar a luz. Nesse momento, lembra da mochila que trouxe nas costas e resolve abrir para ver o que tem dentro. Eis que encontra uma picareta. Então, eu lhe pergunto: o que você faz com essa picareta? Pode abrir os olhos.

Nesse momento, normalmente o cliente responde que tentaria escalar as paredes do buraco usando a picareta como *piolet*, um tipo de equipamento de alpinismo usado para escalada técnica no gelo. O terapeuta avisa que se trata não de duas, mais somente uma picareta. E que se trata não de um *piolet* alpino de alumínio leve de 57 cm, mas de uma picareta de ferro e madeira ao melhor estilo "coveiro de cemitério". Essa picareta é pesada e demandaria um grande espaço para fazer o movimento de pêndulo, além de boa pontaria para acertar as reentrâncias entre as pedras da parede. E mesmo que o cliente consiga fincar a primeira picaretada, ainda assim necessitaria suspender o seu corpo para cima, para que a seguir se apoie em uma das pedras e, assim, sob precário equilíbrio, consiga puxar a picareta e iniciar um certeiro movimento de pêndulo usando apenas umas das mãos. Uma tarefa com pouquíssima chance de sucesso visto a descomunal habilidade exigida, e dada toda a umidade do buraco, existiria ainda uma forte probabilidade de nova queda - talvez fatal. O cliente, então, diante da estagnação, pode sugerir cavar mais, posto que teria espaço para o movimento de pêndulo vertical, e visto que, ao contrário das pedras nas paredes, o solo macio permitiria o "avanço". O terapeuta alerta o cliente de que o aprofundamento levaria ao distanciamento maior do topo do buraco, além de lhe roubar toda energia que seria preciosa nas próximas horas.

A ideia do uso da metáfora é aumentar a consciência do cliente de que, semelhantemente ao comportamento de cavar mais, as esquivas experienciais são respostas inúteis aos problemas, e que levam invariavelmente à sua cronificação. Contudo, em nenhum momento o terapeuta deve fazer uma análise funcional do comportamento, no sentido analítico dessa tarefa. Após a aplicação da metáfora, sugerimos encerrar a sessão, evitando com isso perguntas adicionais do cliente. As perguntas poderiam gerar respostas do terapeuta, combustível para mais derivação de relações arbitrárias!

A ideia é que o cliente regresse para casa desesperançoso, e que esse estado motivacional possa ser criativo contexto para uma abertura à mudança.

Por essa ser uma técnica muito intensa, nós não recomendamos a integração da ACT em clientes com depressão de moderada a severa com histórico de tentativas de suicídio.

O PROBLEMA DO CONTROLE ("O CONTROLE É O PROBLEMA, E NÃO A SOLUÇÃO")

Depois de observadas as respostas diante das sensações, dos pensamentos e das memórias, o objetivo será esclarecer a inoperância das esquivas experienciais. Não é possível ao depressivo fugir de algo que está dentro de seu corpo. Os clientes depressivos não desistem facilmente da agenda de controle de emoções e pensamentos negativos, posto que em curto prazo todo esse esforço é reforçado negativamente.

Usamos uma adaptação do "Exercício do Bolo de Chocolate" (Hayes et al., 1999) conforme descrita para se referir à tentativa de controle da cadeia de pensamentos negativos, como os envolvidos na ruminação.

Terapeuta: Vou pedir agora que você não pense em algo que vou lhe contar... e que não pense por um instante sequer. E lembre-se de que não deve pensar. Imagine um bolo de chocolate saindo do forno. Ele está quentinho e perfumou a casa toda. E ele vai ser servido bem na hora em que você está com aquela fome. Não pense nesse bolo, eu lhe falei. Imagine agora que você vai partir esse bolo fofo e perfumado e dar a primeira garfada. Quando em contato com a sua boca, você experiencia o sabor do melhor e mais intenso chocolate que já comeu. Você pode fazer isso?

A ideia dessa vivência é destacar a inoperância do alcance da supressão do pensamento, semelhantemente à maneira como é difícil não pensar em algo tão apelativo quanto um gostoso bolo de chocolate, ou as autoavaliações negativas da ruminação. O objetivo da técnica é levar o cliente a desenvolver uma postura de "vontade" para a abertura de novas, e por que não, criativas formas de se relacionar com os sentimentos e pensamentos.

CONSTRUINDO A ACEITAÇÃO POR MEIO DA DESFUSÃO DA LINGUAGEM

Na BA, a aceitação das experiências privadas precede e facilita as ações guiadas a objetivos. Nesse sentido, a BA assume que a aceitação se segue naturalmente ao comportamento de enfrentamento. Nenhuma concepção conceitual ou técnica adicional seriam necessárias (Kanter et al., 2006).

A perspectiva da aceitação da ACT é mais complexa. Ela envolve desenvolver outros repertórios do cliente, por meio da desfusão cognitiva ou desliteralização, ou seja, da quebra das relações derivadas contidas nas regras que controlam a esquiva experiencial.

A ACT postula o papel gerativo das relações verbais derivadas na formulação de regras que ampliam o controle e a diversidade das esquivas experienciais. Por exemplo, muitos eventos privados aversivos podem provocar sentimentos de disforia indiretamente, ou seja, sem que haja qualquer reforçamento atual. Regras como a "se sentimento ou pensamento ruim, então vida ruim", ou a "se sentimento ou pensamento positivo, então vida boa", relacionam arbitrariamente os estímulos verbais "pensamentos X" e "vida X". *A priori*, pensamentos e sentimentos, como vergonha, culpa ou memórias de perdas afetivas, não exerceriam função aversiva. Mas, sob pistas verbais contextuais, humanos poderiam aprender essa relação arbitrária entre estímulos. E sob o contexto verbal como uma sentença "sentido da vida", os estímulos verbais podem ser relacionados na regra se "sentimento ou pensamento ruim", então "vida ruim", e em se "sentimento ou pensamento positivo", então "vida boa". As funções operante e respondente de um estímulo verbal (p. ex., vida ruim) transformam a função de outro estímulo verbal (p. ex., sentimento ou pensamento positivo). O indivíduo passaria então a se comportar sob o controle de um estímulo verbal como se fosse o outro. Assim, responderia ao "sentimento ou pensamento ruim" como se fosse "a vida ruim". Esses sentimentos negativos poderão então ocasionar comportamentos de fuga e esquiva experiencial, como ligações desesperadas para o outro, o comer exagerado, ou mesmo o dormir excessivo.

A ACT explica esse fenômeno como sendo a transformação derivada de função de um estímulo. O indivíduo passaria, portanto, a responder a um estímulo com relação a outro. Esse comportamento relacional foi chamado por Hayes et al. (1996) de responder relacional derivado e, no caso citado, teria sido originado por operações históricas que estabeleceram a "vida ruim" como particularmente aversiva. Os autores propuseram a Teoria das Molduras Relacionais para explicar o fenômeno das relações derivadas envolvido na linguagem e na cognição humanas (Abreu & Hübner, 2012).

Para haver a mudança clínica do cliente depressivo, ou seja, para que ele diminua a frequência de esquivas experienciais, é necessário antes que se promova a quebra das relações derivadas entre os estímulos contidos nas regras que especificam controle emocional.

As intervenções para a promoção da aceitação na ACT entrariam com esse objetivo. Elas possibilitam a perda das classes do responder relacional derivado, levando à mudança da função do estímulo derivado. Ou seja, no exemplo citado, o "sentimento ou pensamento ruim" poderia ter a sua função aversiva novamente modificada para uma função neutra, a partir das intervenções propostas. Com menos esquivas experienciais em curso, seria aberta a possibilidade do novo comportamento de enfrentamento, em sintonia com os objetivos da BA de aumento da RCPR.

Usamos para desfusão da linguagem uma adaptação para gabinete de consultório da metáfora do "Passageiro do Ônibus" de Hayes et al. (1999). Ela foi intuitivamente chamada por nós de "Passageiro do Táxi".

Nela, o terapeuta pede inicialmente que o cliente relembre um problema com que vem lidando e solicita a descrição de onde e como normalmente ocorre. O terapeuta presta atenção e anota os pensamentos, sentimentos, estados corporais, memórias e outros aspectos da experiência privada que vão sendo descritos. Utilizamos as exatas palavras com que o cliente nomeou todos os estados privados que lhe são aversivos. A seguir, o terapeuta orienta a dinâmica conforme ilustrado no trecho a seguir.

Terapeuta: José, vou pedir que você pense em algumas das vezes em que teve esse problema de não conseguir para de fumar. Consegue pensar nele? E o que você sente quando pensa nele?

Cliente: Acho que vou ter um enfisema a qualquer momento. Isso me deixa mal, pois minha filha pequena não gosta do cheiro do cigarro, e eu sinto como se definitivamente devesse fazer isso por ela. Para que ela tenha o pai ao seu lado durante muito tempo.

Terapeuta: E o que você vem fazendo para lidar com isso?

Cliente: Quando me esforço e fico sem fumar durante um dia, por exemplo, penso que logo me boicotarei, e no trabalho invariavelmente vou fumar um cigarro na hora do café.

Terapeuta: Que sentimentos você tem quando antevê isso acontecendo?

Cliente: Que estou muito mal, e que minha tristeza me impede de ter qualquer força de vontade. Que meus pulmões não vão aguentar por muito mais tempo.

Terapeuta: Vamos fazer o seguinte agora. Imagine que estamos os dois em um táxi. E no táxi você seja o motorista e eu o seu passageiro. Como qualquer viagem de táxi, existe um ponto final a que chegaremos. Nós vamos andar agora pela clínica, imaginando que estamos dentro desse táxi, você dirigindo e eu ao seu lado. E como você sabe, um táxi nunca roda em linha reta e em uma mesma velocidade até o seu ponto final. Ele circula pela cidade. Sendo assim, você poderá ir circulando, fazendo o percurso que quiser, algumas vezes mais rápido, outras vezes mais devagar, se assim desejar. Igual ao que seria de um táxi real. Em qualquer momento que você quiser finalizar essa vivência, será necessário apenas que vá para ao ponto final de desembarque que combinarmos. Qual o ponto de desembarque você quer?

Cliente: Pode ser a poltrona da recepção mesmo.

Terapeuta: Ok, quando encostar a mão na poltrona, nossa viagem termina. Você tem alguma dúvida?

Após tirar as dúvidas do cliente, começará então a vivência. O cliente vai circulando pelos cômodos da clínica, e o terapeuta segue sempre ao seu lado. Todas as vezes em que o cliente se colocar em direção ao ponto final, então o terapeuta deverá citar em voz alta os pensamentos, sentimentos e memórias descritas, de forma repetida e incômoda. No caso citado, o terapeuta poderia repetir "você vai acabar com um enfisema", "sua filha vai ficar sozinha", "sua tristeza vai impedir de parar de fumar", "você é muito fraco". E todas as vezes em que o cliente andar em direção oposta ao ponto final, o terapeuta deverá se calar. Na etapa final, quando o cliente notadamente já estiver se dirigindo para o ponto final, o terapeuta deverá repetir mais e mais alto. Quando o cliente tocar no ponto final, então a dinâmica deve ser finalizada.

Ao retornar para a sala de atendimento, o terapeuta deverá solicitar a reflexão do cliente com relação à vivência, ajudando nas articulações com relação ao problema do cliente. A ideia é que o cliente seja levado a identificar que os pensamentos e sentimentos negativos, por exemplo, diminuem de frequência e intensidade à medida que ocorre um distanciamento na trajetória rumo ao objetivo de vida. Inversamente, quanto mais firme no caminho dos objetivos de uma vida sem depressão, maior será o desconforto devido ao contato com os problemas que devem ser resolvidos.

É natural que os contextos aversivos de enfretamento característicos de comportamentos de ativação evoquem pensamentos e sentimentos ruins. Sentimentos e pensamentos negativos são o produto do contato com o problema que se quer resolver. E isso é evidenciado experiencialmente para o cliente.

Em geral o objetivo da aceitação é aumentar o contato não avaliativo com os eventos privados normalmente evitados (Kanter et al., 2006). Para isso, o cliente terá que entrar em contato com a estimulação aversiva interna, sem se esquivar. É o treino de perceber a sensação, deixá-la chegar ao seu pico e observá-la passar.

A ACT-componente da BA-IACC difere da BA *standard* no ponto em que a ACT prescreve a necessidade da quebra do contexto da literalidade das regras, ou seja, da quebra das relações derivadas entre os estímulos contidas nas regras. Esse processo seria um elo intermediário necessário antes de engajar o cliente na mudança comportamental. Já a BA *standard* assume que os clientes podem mudar diretamente, por meio do engajamento em atividades orientadas (Martell et al., 2001). Na BA *standard*, o terapeuta trabalha com o cliente para que este se comporte de acordo com objetivos para a mudança comportamental, a despeito de como o cliente se sente (Martell et al., 2001). Em decorrência dessas diferenças, vemos como importante na BA-IACC a sua integração para o sucesso terapêutico em casos com alta frequência de repertórios de dar razões e esquiva experiencial.

DESFUSÃO DO *SELF*

O *self* é a forma como concebemos a experiência do eu. De um ponto de vista comportamental, é a experiência do eu em contexto, que normalmente acontece a partir de um conjunto de respostas privadas que estão em perspectiva com outros estímulos externos ao organismo da pessoa. Assim, todas as respostas aversivas encobertas, como pensamentos e sentimentos, ocorrem em um contexto, em um determinado "local" (Hayes et al., 1999), o qual é nomeado normalmente como subjetivo, por estar dentro da pessoa, em contraponto com a perspectiva das coisas que estão fora. Assim, os depressivos aprendem que, se experienciarem regularidade dos sentimentos negativos, é porque suas vidas são necessariamente miseráveis ou ruins.

Usamos a Metáfora do Tabuleiro de Xadrez de Hayes et al. (1999) no trabalho de desfusão do *self*, conforme descrita.

Terapeuta: Vou pedir agora que você feche os seus olhos e imagine um jogo de xadrez. O jogo de xadrez traz peças pretas e brancas. Em alguns momentos você observa maior movimentação das peças brancas, e possivelmente observa também uma menor quantidade das peças pretas. Um pouco mais tarde, você observa maior movimentação das peças pretas, e possivelmente também um aumento da sua quantidade. De momento a momento, você assiste a essa dança das peças. Algumas peças se movem em passos mais largos, e outras ao longo de um ou mais espaços. O tempo passa. Agora imagine que as peças pretas sejam os seus sentimentos e pensamentos negativos, e as peças brancas, os positivos. Assim, ao longo do tempo, experienciará maior movimentação e número de um ou de outro. Às vezes as pretas estarão ganhando o jogo, mas, possivelmente, as brancas também poderão em algum momento inverter a situação. Vou pedir agora que abra os olhos. Quem é você nesse jogo entre as peças brancas e pretas?

A ideia é levar o cliente a identificar que seria o tabuleiro, o lócus onde toda a dinâmica entre os sentimentos e pensamentos positivos e negativos acontece. Esse lócus permanece constante ao longo de toda a partida, sem perder sua identidade e importância. Para ser um jogo de xadrez, existe a necessidade do tabuleiro e do movimento das peças pretas e brancas. Essa característica única permite as pessoas identificarem todo esse conjunto como sendo um jogo de xadrez, e não somente as peças ou o tabuleiro. O cliente deve ser incentivado ao entendimento de que será o mesmo lócus sempre, e que, ao longo do tempo, os pensamentos e sentimentos ganharão várias configurações, diversas dinâmicas.

Nessa etapa o objetivo é levar a pessoa a identificar sentimentos, pensamentos, imagens e memórias apenas como respostas. E que o indivíduo evolua, por exemplo, de afirmações como "eu sou triste e eu sou depressivo" para "eu tenho pensamento em que sou triste ou depressivo".

FORMULAÇÃO E COMPROMISSO COM VALORES

A formulação e a promoção de comportamentos consistentes com valores é uma etapa importante da ACT. A forma detalhada como aplicamos o Inventário de Valores de Hayes et al. (1999) é apresentada no Capítulo 7 "Conduzindo a ativação comportamental: estrutura fundamental das sessões".

Diferentemente da ACT *standard*, o emprego do Inventário de Valores (Hayes et al., 1999) na BA-IACC tem o objetivo de evocar comportamentos que no passado ocorriam com regularidade, sob fontes de reforçamento positivo consistentes, e que por isso produziam maiores RCPR. Nesse sentido, não existiria grande relevância em diferenciar "valores" de "objetivos", conforme orienta a ACT *standard*. Valores dentro dessa concepção não teriam data para acabar, mantendo a pessoa se comportando consistentemente com esse valor ao longo de extenso período de sua vida (p. ex., estar mais em contato com seus pais). Já um objetivo orientaria comportamentos com consequências muito específicas, portanto com prazo certo para acontecer (p. ex., voltar a morar na cidade dos seus pais).

Na integração com a BA, essa diferenciação poderia até mesmo ser contraproducente, já que temos como objetivo principal tirar rapidamente a pessoa da depressão. Assim, um objetivo tangível, se dentro das possibilidades do cliente, poderia ser bem-vindo no sentido de facilitar o contato deste com os reforçadores positivos da relação. Normalmente é mais fácil retomar antigos desempenhos reforçados positivamente do que levar o cliente a aprender comportamentos sob o controle de novos reforçadores – e isso é especialmente importante quando temos como meta tirar rapidamente o cliente da depressão, como nos casos mais graves sob risco de suicídio[9]. As atividades orientadas por valores também trazem um significado maior para o cliente, servindo como operação motivadora para o engajamento de ativação.

9 Em alguns casos de depressão em que vigora extinção operante, a exemplo da morte de um ente querido, um valor familiar como "estar em contato com o familiar" necessitará ser revisto. Fica então inviável retomar os comportamentos outrora reforçados positivamente pela pessoa querida que se foi. No capítulo sobre extinção operante discutiremos isso mais detalhadamente.

Capítulo 11

Caracterização e intervenção em casos de incontrolabilidade com eventos aversivos

Existem contextos em que os nossos clientes estão se comportando, mas tendo experiências repetidas de insucesso no controle de suas vidas. São contextos em que vigoram condições aversivas como a violência parental ou a violência doméstica, por exemplo. Ocorre a apresentação de estimulação aversiva incontrolável para a vítima, sendo perpetrados pelo agressor que se comporta sob o controle de seu humor.

A pesquisa básica traz muita informação relevante para entendermos a violência. Dados de pesquisa evidenciam que, sob o efeito da apresentação de estimulação aversiva incontrolável, animais não humanos podem vir a desenvolver a depressão. Mais especificamente, esses estudos mostram com clareza como a experiência com uma sucessão de eventos aversivos poderia levar a sérias dificuldades de aprendizagem de comportamentos fundamentais para a sobrevivência, como a fuga de choques.

Maier e Seligman (1976) conduziram um experimento com três grupos de cachorros como sujeitos. No experimento, dois dos três grupos seriam inicialmente expostos a uma condição em que receberiam choques como estímulos aversivos. O primeiro grupo de cachorros foi então submetido a uma situação de choques incontroláveis, o segundo de choques controláveis, e o terceiro, o grupo controle, não recebeu qualquer choque. Quando algum cachorro do grupo controlável suspendia o seu choque pressionando um painel com o focinho, também suspendia o choque do cachorro da condição de choque incontrolável. Os sujeitos dos três grupos foram então expostos a uma condição de teste para uma resposta de fuga dos choques.

Os resultados mostraram que os cachorros do grupo submetido à situação do choque controlável e os do grupo controle aprenderam a resposta de fuga na condição de teste (Maier & Seligman, 1976). Já os cachorros do grupo de choque incontrolável não aprenderam a resposta de fuga dos choques. Esse efeito de desorganização do repertório de fuga a partir da experiência pregressa com choques incontroláveis ganhou o nome de desamparo aprendido (DA; Maier & Seligman, 1976). O experimento ganhou *status* de um bom modelo experimental de depressão. Hoje muitos laboratórios utilizam ratos no estudo do DA.

Um modelo experimental de psicopatologia deve explicar a etiologia, a sintomatologia, as alterações biológicas e os tratamentos de um determinado transtorno. O DA preenche os critérios para a depressão (Willner, 1984; 1985). As aproximações com os fenômenos comportamental e biológico são bastante expressivas. Na etiologia, uma história de incontrolabilidade de eventos aversivos pode levar tanto animais quanto humanos a desenvolverem episódios depressivos (Willner, 1984; 1985). A passividade, a baixa frequência de respostas e a baixa sensibilidade ao reforço explicam a anedonia (Hunziker, 2005). Observam-se ainda nos animais as mesmas variações neuroquímicas envolvendo dopamina, noradrenalina e serotonina que em humanos, bem como alterações do sistema imunológico (Weiss, Glazer & Pohorecky, 1976; Weiss, Stone & Harwell, 1970). O tratamento com drogas antidepressivas e reforço positivo podem reverter o efeito do desamparo em animais da mesma forma como ocorre em humanos (Hunziker, 2005).

Embora o modelo de depressão baseado no DA tenha diferenças do modelo clínico comportamental (Abreu, 2011), uma articulação interpretativa é viável. Para isso, dois momentos temporais do experimento do DA merecem ser analisados, conforme Abreu e Santos (2008). Primeiramente, a condição de incontrolabilidade, e, segundo, a condição pós-experiência com a incontrolabilidade.

CONDIÇÃO DE INCONTROLABILIDADE

Um cliente pode estar correntemente vivenciando estimulação aversiva incontrolável em sua vida. São exemplos as situações de violência doméstica entre marido, esposa e filhos.

Não podemos pressupor que, por estar deprimida, a esposa[10] não tentou resolver seu problema em nenhum momento no curso das agressões físicas. Dizer isso é afirmar que suas oportunidades para a fuga foram, senão inexistentes, mínimas. Muitas vezes, a depressiva já tentou de alguma forma procurar ajuda, mas teve seus esforços frustrados devido à retaliação do parceiro agressor, como as ameaças de morte da vítima ou do filho do casal. Possivelmente, a carência de repertórios hábeis de fuga colabora para o agravamento do problema. Afirmar isso é estar atento a como procurar ajuda, e para quem, já que, em muitas sociedades machistas, a comunidade não está suficientemente sensível e organizada em suas instituições para prestar adequado socorro. Ou seja, nes-

10 Vamos nos referir à cliente no feminino visto que os exemplos em larga medida se referem a casos de parceiros agressores homens.

sa situação, o indivíduo não teria disponível oportunidade para o responder, repertório habilidoso ou mesmo consequência reforçadora. O que ocorre é a segregação da vítima de sua família estendida (p. ex., tios, pais), e também da comunidade. Sentimentos de vergonha frequentemente acompanham essas clientes visto a culpa quase sempre ser imputada à vítima. Sentem receio também de não poderem se sustentar sozinhas por não terem experiência com trabalho remunerado.

INTERVENÇÕES PROPOSTAS NA CONDIÇÃO DE INCONTROLABILIDADE

A incontrolabilidade define a vida dessas clientes, e, por isso, entender os processos evidenciados pelo modelo do DA pode ajudar o clínico a estrategicamente intervir no caso. Diferentemente dos casos de depressão em que existe a possibilidade do controle por meio do desenvolvimento de repertórios de fuga e esquiva, na incontrolabilidade não existe uma relação de contingência entre o comportamento e a consequência produzida. Apenas por motivo analíticos, qualquer acréscimo de possibilidade de controlabilidade já descaracterizaria a necessidade do DA no entendimento desse subtipo de depressão. Essa condição deve sensibilizar o terapeuta para o fato de que a única intervenção é a retirada imediata do cliente do ambiente violento. Esse tipo de iniciativa normalmente requer o trabalho coordenado de psicólogos e médicos, assistentes sociais e instituições jurídicas.

CONDIÇÃO PÓS-EXPERIÊNCIA COM A INCONTROLABILIDADE

A situação correlata da condição de teste se refere a clientes que já tiveram algum histórico de incontrolabilidade em suas vidas, mas que correntemente vivem em ambientes seguros. Assim, por exemplo, uma depressiva que tenha vivenciado no passado agressões de um pai alcoolista pode ter constituído uma nova família, vivendo em um lar pacífico. Caso nenhuma aprendizagem incompatível com o comportamento passivo tiver ocorrido entre a experiência com a incontrolabilidade e o momento presente, então os efeitos do desamparo poderão ainda estar presentes no repertório (Mestre & Hunziker, 1996). Depressivos com esse histórico normalmente aprenderam autorregras que especificam impossibilidade de controle dos eventos do dia a dia (Rehm, 1977). Pegar um ônibus ou participar de um evento social pode ser algo extremamente ameaçador para esses clientes. Estados depressivos mistos com ansiedade ocorrem nesses casos.

Por interagirem pouco com as possiblidades que a vida lhes oferece, esses clientes acabam não tendo a oportunidade de desenvolver consciência das consequências produzidas pelos seus comportamentos. Por mais que iniciem alguma exploração do seu ambiente, e que tenham sucesso nessa tarefa, podem não ser sensibilizados para os reforçadores disponíveis no ambiente. Os indivíduos acabam se expondo pouco a potenciais contingências de reforçamento positivo. Em última instância, a pouca atividade produz uma baixa na taxa de respostas contingentes ao reforçamento positivo (RCPR).

INTERVENÇÕES PROPOSTAS NA CONDIÇÃO PÓS-EXPERIÊNCIA COM A INCONTROLABILIDADE

O treinamento de habilidades sociais de Lewinsohn et al. (1992) pode ser útil para desenvolver habilidades fundamentais de interação social. No manual BA-IACC integramos a psicoterapia analítica funcional (FAP) como sistema de psicoterapia propício a esse objetivo (Capítulo 9). Na FAP, a modelagem *in locus* muitas vezes começa nas habilidades mais básicas, como iniciar e manter uma conversa com função de solicitação de ajuda.

Os problemas de déficit na formulação e no seguimento de regras que controlarão potenciais RCPR também devem ser abordados. Para isso, pode ser usada a aprendizagem da análise funcional do comportamento, a partir dos acrônimos GEE1 e GEE2 (Martell et al., 2001), ou mesmo o Inventário de Valores (Hayes et al., 1999).

A análise funcional potencializa a aprendizagem da consciência dos pequenos avanços, no sentido de gradativamente facilitar que o cliente perceba o controle que seus comportamentos exercem sobre os eventos no dia a dia. Consciência, no sentido behaviorista do termo, seria a descrição dos antecedentes e reforçadores dos quais o comportamento pessoal é função (Skinner, 1953/1968). Uma maior conscientização sobre o comportamento pessoal tem como consequência a percepção de um mundo menos caótico e perigoso, e passível de controle em grande medida.

Recomendamos ao terapeuta cautela e flexibilidade ao introduzir o trabalho a partir desses instrumentos. O terapeuta não pode perder de vista que essas atividades serão desafiadoras, e até mesmo poderão causar grande apreensão da cliente.

Para ilustrar, tome como modelo a forma como introduzimos o Inventário de Valores a partir da Metáfora da Mesa:

Terapeuta: Imagine uma mesa, mas não uma mesa comum. Imagine uma mesa que possa ter várias pernas. A mesa pode ter quatro, cinco, seis ou mais pernas, a depender de como foi projetada. Então, imagine que a tampa da mesa não esteja soldada, parafusada, pregada, encaixada ou mesmo colada ao topo das pernas. A tampa está apenas apoiada. Nesse momento não estamos preocupados com a estética da mesa. Queremos resistência apenas. Em tese, a mesa será tão mais robusta para aguentar peso quanto maior for o número de suas pernas. Imagine também que as pernas não são necessariamente iguais. Elas podem ter diferentes graus de resistência. Umas podem ter sido feitas de forma mais espessa, ou mesmo em um material mais resistente. Elas não precisam ser iguais, mas, sim, se somar enquanto estrutura.

Cliente: Uma mesa com muitas pernas parece uma mesa legal!

Terapeuta: Sim. Vou dizer para você que a tampa da mesa é a sua saúde mental que está suportada pelo conjunto dessas pernas. Imagine que cada uma das pernas seja uma das grandes áreas de sua vida. Família, amigos, trabalho, estudo, entretenimento, esporte, religião, enfim, isso é muito particular para a pessoa, e cada um de nós tem um certo número de pernas em nossas vidas. Quanto mais pernas, mais solidez e, portanto, mais saúde. O que acontece quando estamos em depressão é que vamos perdendo algumas pernas, ou mesmo nos damos conta de que outras nunca existiram.

Cliente: Eu tenho as minhas pernas, e são meus amigos. Mas, desde que me formei, vários deles foram morar em outra cidade, e alguns se casaram. Isso fez com que perdêssemos contato e, com isso, a amizade foi esfriando.

Terapeuta: Sim, entendo perfeitamente esse problema. Uma perna que está bamba pode ser reparada. Assim, ainda que você traga pernas avariadas, é possível fortalecer, sim, antigos laços. Estamos mais protegidos quanto mais pernas trazemos. O fortalecimento dessas pernas é importante. Para nós, quantidade e qualidade contam. Faz sentido para você?

Cliente: Quase não tenho pernas, e as poucas que tenho estão capengas. Não sei como fazer isso.

Terapeuta: Tenho aqui comigo um inventário que vai nos ajudar a avaliar e a trabalhar com os seus valores, como as suas amizades. Mais do que isso, ele vai te ajudar a ter atitudes mais consistentes com seus valores. E vamos observar cuidadosamente o efeito disso sobre o seu humor.

O cliente normalmente deve responder da melhor forma como vem conseguindo fazer no atual momento de sua vida. Restará ao terapeuta estar sensível ao comportamento do cliente para que consiga conduzir a adequada modelagem da formulação de regras mais acuradas, e assim auxiliar no seu acompanhamento.

Capítulo 12

Perdas de fontes reforçadoras em casos envolvendo a extinção operante

Muitas das depressões ocorrem como efeito do processo de extinção operante. Na extinção, um comportamento que historicamente produzia um dado reforçador passa não mais a produzi-lo. A relação entre comportamento e consequência é quebrada pela suspensão da consequência reforçadora.

A extinção é um tipo de controle aversivo que interfere na taxa de respostas contingentes ao reforçamento positivo (RCPR), pois ela (1) elicia respostas emocionais intensas e ainda (2) confere função aversiva para as circunstâncias relacionadas à suspensão do reforçador. São exemplos de extinção a perda de um ente querido, o fim de um relacionamento de compromisso, a perda de um emprego, a aposentadoria e a partida dos filhos de casa. Alguém que tenha perdido recentemente um familiar experienciará sentimentos de disforia característicos do transtorno depressivo maior (TDM), e passará muitas vezes a evitar o contato com as circunstâncias diretas ou indiretamente (por formação de relações derivadas entre estímulos) associadas à perda. Assim, pode evitar visitar um cinema e também outros lugares específicos, posto que no passado visitou sempre na companhia do ente querido. Pode também se esquivar da interação com os amigos do familiar, ou mesmo falar das atividades que realizavam conjuntamente. Nesse processo o indivíduo desenvolve um repertório de esquiva passiva que o priva do contato com potenciais reforçadores positivos.

Tecnicamente falando, as pessoas que compõem relacionamentos suportativos acabam se configurando como fontes de reforçamento positivo para os comportamentos do outro. Considere como exemplo um cliente em depressão que perdeu seu cônjuge no último mês. O cônjuge falecido foi historicamente reforçador para muitos comportamentos do cliente, como os comportamentos orientados ao suporte, companheirismo, amizade, alegrias, sexo, carinho ou atenção. Isso se deve às múltiplas interações ao longo de extensa parte da vida desse cliente. Então, uma ampla classe de comportamentos no relacionamento deixa de ser reforçada a partir do falecimento do cônjuge. Conforme pontuam Dougher e Hackbert (1994), a chance da depressão é alta caso o repertório reforçado positivamente esteja em grande parte relacionado à fonte de reforçamento perdida. Como produto da perda, uma diminuição global das RCPR ocorrerá, sobretudo se for observada escassez de reforçadores alternativos, como a existência de outros relacionamentos sociais suportativos.

Os comportamentos envolvidos no luto são dificilmente diferenciados dos comportamentos destacados pelos critérios diagnósticos do TDM. Por esse motivo, o DSM-5 trouxe como novidade ter considerado o luto como sendo uma condição à parte, diferente do TDM (DSM-5; American Psychiatric Association, 2013). Antes, o DSM-IV-TR abordava a ideia de *continuum* entre luto e TDM, em que a duração arbitrária de até 4 meses era tida como indicador confiável para o estabelecimento dessa fronteira (DSM-IV-TR; American Psychiatric Association, 2000). Já o DSM-5 entende que ambas as condições poderão coocorrer, cabendo ao profissional o julgamento clínico.

De modo geral, no luto "puro" existem alguns momentos de boas lembranças e sentimentos positivos da pessoa falecida, e o indivíduo enlutado reconhece que a perda não ocorreu por sua responsabilidade ou culpa. Já na depressão, seriam inexistentes os momentos de lembranças positivas, e ainda ocorreria alta frequência de ruminações com conteúdo de autoculpabilização pela perda. Outro indicador que poderia apontar para a existência de um TDM seria o cliente já ter tido algum episódio depressivo maior pregresso em sua história.

Do ponto de vista da psicofarmacologia necessária, o avanço apresentado pelo DSM-5 abriu a possibilidade de o médico já entrar com a medicação antidepressiva, o que, por um lado, impede que o cliente em TDM possa ter seu quadro agravado, mas, por outro, continua mantendo a discussão sobre a implicação do diagnóstico errado. Daí a origem da polêmica sobre a medicalização do luto no lugar do TDM, pelo fato do envolvimento de comportamentos de difícil diferenciação entre esses quadros. Essa dificuldade não chega a se configurar como um problema para uma proposta de psicoterapia como ativação comportamental (BA). Independentemente de se tratar de um luto "puro" ou da existência concomitante de um TDM, a BA não traz contraindicação na sua aplicação para a resolução dos problemas decorrentes do luto. As aprendizagens advindas da psicoterapia são cumulativas e quase sempre se mostram bastante decisivas na organização de repertórios envolvidos em diferentes áreas de vida. Dessa constatação, pode-se também justificar a aplicação da BA no aumento do contato com fontes estáveis e diversas de reforçamento (Kanter et al., 2009) no acompanhamento do processo de luto e também para prevenção de novo episódio depressivo maior.

REMISSÃO ESPONTÂNEA?

Um dado que pouco se comenta no TDM é sobre a duração do seu curso. Até o DSM-IV-TR, o TDM tinha duração de 9 a 12 meses, mesmo na ausência de tratamento (DSM-IV-TR; American Psychiatric Association, 2000). O DSM-5, ao seu turno, afirma que a recuperação ocorre a partir de 3 meses para dois em cada cinco indivíduos, e em 1 ano, para quatro em cada cinco indivíduos (DSM-5; American Psychiatric Association, 2014). É provável que a remissão espontânea para alguns depressivos seja causada pelas características das depressões decorrentes de extinção operante (Abreu & Santos, 2008).

Um primeiro motivo para a remissão espontânea reside no controle exercido pelas necessidades básicas (Abreu & Santos, 2008). O afastamento de todas as atividades, sobretudo as laborais, começa a trazer consequências relevantes para a vida de muitos depressivos, como a perda do poder de compra. Não trabalhar implica muitas vezes ter uma escalada de dívidas e, com isso, a suspensão da aquisição de muitos serviços e produtos, como internet, luz, escola dos filhos ou mesmo alimentação. As críticas sociais contribuem também para coagir o depressivo a retornar às atividades. Em muitas sociedades industrializadas o ócio é visto como algo pejorativo.

Um segundo motivo para a remissão pode ser o fato de que, anteriormente à depressão, o cliente esteve envolvido em atividades de menor custo de resposta e grande efeito reforçador (Abreu & Santos, 2008). Ao longo do curso de até 2 anos do TDM muitas possibilidades ocorrem. Considere como exemplo o futebol como uma atividade reforçadora para determinado cliente. Um retorno a um jogo pode colocar o cliente em contato com uma série de potenciais fontes de reforçamento positivo, como os amigos e o jogo de futebol em si. À medida que vai gradativamente respondendo às contingências, as RCPR vão aumentando, como voltar a acompanhar os jogos do time predileto e os convites paralelos dos amigos para assistir às partidas.

INTERVENÇÕES PROPOSTAS

Conforme orientam Abreu e Santos (2008), recomendamos a exposição gradativa aos contextos aversivos condicionados, como a exposição a contextos verbais de relato sobre a perda. Nesse trabalho, o enriquecimento de atividades reforçadoras orientadas pelo Inventários de Valores é também necessário. Assim, por exemplo, para o cliente com dificuldade de seguir adiante, o trabalho com valores pode ajudar a manter seus comportamentos conectados com as atividades que lhe trazem um sentimento de sentido de vida. É interessante que o indivíduo também aprenda os acrônimos GEE1 e GEE2 em ordem de analisar funcionalmente seu comportamento. Esse procedimento tem o objetivo facilitar a identificação e a mudança dos padrões de esquiva passiva.

Considere o trecho de uma sessão com Pedro, um cliente em depressão moderada que havia perdido o seu pai recentemente.

Terapeuta: Seu pai estava bastante enfermo antes de falecer, segundo você me contou.

Cliente: Ele estava terminal de um tipo de câncer de pulmão, que havia se disseminado pelos linfonodos. Meus irmãos que ainda moram em minha cidade natal acompanharam tudo presencialmente. Eu consegui viajar até lá somente umas três vezes durante esse processo. Meus irmãos não entendem muito bem o que os médicos diziam sobre meu pai nas consultas, e meu pai, como lhe falei, era semianalfabeto. Eu deveria ter estado lá para esse acompanhamento. Por ser profissional da saúde, entenderia o que os colegas médicos tinham a dizer.

Terapeuta: Em uma de suas viagens, lembro-me de você ter contado uma vez que teve que pedir dispensa nos dois hospitais, e que isso foi bastante difícil. Outra questão que tornou desafiadora essa logística toda foi fazer um acordo com a sua ex-esposa para que ficasse com a sua filha naquele final de semana.

Cliente: Minha ex não é nada compreensiva. Data acordada previamente para ela nunca tem como ser modificada. Tive que brigar muito para que entendesse. Foi horrível.

Terapeuta: Parece que suas responsabilidades, seus pacientes e sua ex poderiam ter lhe desencorajado de viajar também em outras oportunidades em que cogitou se deslocar até a sua cidade.

Cliente: De alguma forma eu sinto como se pudesse ter ajudado a evitar a morte do meu pai. Eu poderia estar lá para lhe dar todo esse suporte e, a partir daí, ajudar no melhor tratamento.

Terapeuta: Difícil prever isso. Parentes de grandes médicos continuam a morrer mesmo assim, e todos os dias. Não sabemos qual teria sido o seu alcance em evitar esse desfecho. Mas houve uma preocupação e esforço da sua parte em estar sempre em contato telefônico. Não me lembro de seu pai ter reclamado de sua ausência. Ao contrário, ele parecia mais preocupado com o seu bem-estar e da neta aqui na cidade. Partilhava da sua apreensão com a criação da filha e das dificuldades com a sua ex.

Cliente: Sim, era um excelente avô, mesmo à distância.

Terapeuta: Creio que ele pensava algo parecido a seu respeito. Você não serviria exatamente para um "mau filho". Precisaremos agora retornar para a sua cidade, não?

Cliente: Tenho aquele encontro de família marcado para o próximo mês. Às vezes me sinto envergonhado e não quero ir. Quando vejo que a data está se aproximando, sinto vergonha e ansiedade, e logo me distraio com outras coisas, esquecendo-me desse compromisso. Mas, analisando com o GEE (uso do acrônimo ensinado), sei que estou esquivando. E isso é muito forte. Está me fazendo muito mal, pois gostaria muito de abraçá-los nesse momento, por todo o amor que tiveram com nosso pai.

Terapeuta: Lembro-me de você ter colocado na sua lista de valores a proximidade com os seus irmãos, e que queria ter mais contato com eles. Então, você retornará à casa de seus pais, bastante envergonhado pelo jeito, mas, ainda assim, retornará. Como está a sua agenda, digo, como será com a visita da sua filha nessa data?

Cliente: Quero levá-la. E ela quer muito ver os tios. Vai ser o meu fim de semana com ela.

Terapeuta: E como você imagina que vai ser o encontro? O que poderia fazer diferente quando sentir vontade de esquivar?

Cliente: Todos estão mal com o falecimento do pai. E tem minha mãe que ficou viúva e já é idosa. Precisamos conversar sobre os seus cuidados, como vão ficar as divisões das responsabilidades de cada filho. Preciso ver meus irmãos, ver como eles estão com isso tudo agora. Vou me sentir melhor se for a esse encontro.

Terapeuta: A mãe e a família, incluindo você, precisam de cuidados, não?

Nesse trecho do atendimento fica claro como foi útil levar o cliente a lembrar e aceitar o evento traumático. A partir de uma contextualização, foi possível ao terapeuta redefinir o esforço com os cuidados do pai. A intervenção foi interessante, sobretudo, para dirimir as explicações causais do cliente, que estavam contribuindo para as esquivas passivas do contato com os familiares.

O valor de estar em contato com os irmãos foi lembrado como condição motivadora para o esforço de enfretamento. O cliente, a partir da análise funcional por meio do GEE1, observou que, diante da aproximação da viagem, sentia-se envergonhado e ansioso. A partir daí, acabava se distraindo com outras coisas. O terapeuta já sabia de antemão que se tratava de um cliente zeloso pela família, e que os seus irmãos eram bastante compreensíveis. Tratava-se de uma família unida e suportativa. A partir de uma releitura das contingências envolvidas para a "ausência" alegada pelo cliente, foi possível incentivá-lo a novamente entrar em contato com os familiares. O engajamento nos cuidados da mãe poderia também produzir reforçamento positivo.

HABILIDADES SOCIAIS PARA UM RECOMEÇO

Além da exposição à perda, análise funcional a partir de GEE1 e GEE2 e uso do Inventário de Valores, o desenvolvimento de novas habilidades sociais pode ser necessário. Clientes em depressão devido ao término de um relacionamento de longa duração ilustram essa demanda bastante comum. Nessas situações, os clientes expressam o desejo de novamente terem um relacionamento amoroso. Contudo, nesse percurso, descobrem que já não sabem mais paquerar por não terem se atualizado com as novas formas de se relacionar. Podem então ser necessárias habilidades sociais para iniciar e manter uma conversa com pretendentes, presencialmente, ou mesmo via aplicativo de *smartphone*. Usamos a integração da psicoterapia analítica funcional (FAP) para modelar esses comportamentos (Capítulo 9).

Capítulo 13
Lidando com o suicídio

O suicídio vem apresentando escaladas de taxas alarmantes, e seu abrupto aumento em um curto espaço de tempo se deve, sobretudo, às formas de produção e organização social das sociedades industrializadas. Em sociedades industrializadas, extensa parte do tempo dos seus cidadãos é direcionada ao estudo e/ou ao trabalho, atividades que são, em essência, combustível para a sobrevivência moderna. Essas atividades promovem o isolamento social e a redução das atividades, pois subtraem o tempo e a motivação para interações genuínas potencialmente reforçadoras.

Como produto dessas mudanças, houve uma diminuição da taxa de respostas contingentes ao reforçamento positivo (RCPR), processo comportamental que leva não só à depressão, mas também ao suicídio. Entre 2005 e 2015 a taxa mundial aumentou aproximadamente 22%, com um valor estimado de 10,7 suicídios/100 mil habitantes (Dallalana, Caribé & Miranda-Scippa, 2019). Atualmente, para cada suicídio efetivo, ocorrem 10 a 20 tentativas. De 10 a 25% das pessoas que tentam suicídio farão nova tentativa (Dallalana et al., 2019). Contudo, 56% dos indivíduos morrem já na primeira tentativa (Ribeiro et al., 2016). Os episódios depressivos, associados à depressão unipolar e bipolar, são responsáveis pela metade das mortes por suicídio (Dallalana et al., 2019). Em 2014 a tentativa de suicídio foi considerada pela Organização Mundial da Saúde (OMS) o maior preditor de suicídio futuro (Ribeiro et al., 2016).

O conceito de suicídio, de forma ampla e graduada, envolve a ideação de morte (desejo de estar morto), a ideação suicida (pensamento de fazer algo com vistas à própria morte), os planos de suicídio (planejamento sobre maneiras de praticar autolesões que podem resultar em morte), as tentativas de suicídio (qualquer comportamento autoinfligido com intenção de provocar a própria morte) e o suicídio efetivo. O suicídio é todo caso de morte que resulta direta ou indiretamente de um ato positivo (p. ex., enforcamento) ou negativo (p. ex., greve de fome), realizado pela própria vítima e sempre de forma deliberada (Dallalana et al., 2019).

Coerente com uma ciência com objetivos fundamentais de predição e controle do comportamento, a BA-IACC apresenta uma proposta funcionalmente-orientada para a avaliação e a intervenção na crise suicida. O que tem de mais fundamental na sua agenda de pesquisa, sem dúvida, é o crescente entendimento do fenômeno, de modo a possibilitar uma mais acertada predição e prevenção do comportamento suicida.

Dentro da análise do comportamento, uma caracterização seminal que tem produzindo grande debate foi a de Sidman (1989/2001). O autor afirmou que suicídio ocorre sob contextos de controle aversivo, sendo um comportamento de fuga ou de esquiva. Hayes et al. (1999) apresentaram uma crítica a essa concepção, a partir do posicionamento de que, no treinamento de um organismo não verbal a fugir ou esquivar de um estímulo aversivo, há a exposição do animal a essa estimulação, de modo que ocorre a aprendizagem das respostas reforçadas negativamente (p. ex., comportamento de fuga). No suicídio não existe essa possibilidade, pois não há como alguém experienciar a diminuição da probabilidade do evento aversivo antes de emitir a resposta suicida. Dizendo de outra forma, não tem como ocorrer um aumento da frequência das respostas suicidas caso a primeira tentativa já tenha sido efetiva.

A consequência para o comportamento suicida, portanto, não pode ser assumida como sendo reforço negativo. Um estado de exceção para essa constatação seria a tentativa malsucedida de suicídio. Nesse contexto, a consequência produzida pela tentativa já entra no controle operante de uma provável segunda tentativa.

Hayes et al. (1999) apresentaram uma caracterização alternativa para o suicídio. Nela, a resposta suicida ocorre a partir de um propósito que não pode ter sido diretamente experienciado. Por esse motivo, o comportamento suicida é verbalmente induzido. Os autores pontuaram que:

> "A sentença 'se eu morresse, então não teria sofrimento' é uma aparente descrição de uma contingência. É uma regra, e uma regra que pode ser seguida. Se o 'não sofrimento' adquire funções positivas, então, para a pessoa em considerável sofrimento psicológico, a fórmula 'se eu morresse, então não teria sofrimento' irá transferir as funções positivas para a morte como uma consequência construída verbalmente." (Hayes et al., 1999, p. 48)

O suicídio é, portanto, um comportamento governado por regras, em que o indivíduo formula a consequência para sua morte. Os estímulos verbais contidos na descrição da consequência têm suas funções modificadas a partir de relações arbitrárias estabelecidas com outros estímulos verbais contidos na regra. Essa concepção conceitual tem grande relevância para o avanço da análise funcional de ideações e tentativas de suicídio, como se verá mais adiante.

ANÁLISE FUNCIONAL DA IDEAÇÃO SUICIDA E DA RESPOSTA SUICIDA

Linehan (1993, 1997) transpôs a análise funcional para o entendimento do comportamento suicida. A autora propôs relevante trabalho de intervenção em crises suicidas, a partir das intervenções contidas na sua terapia comportamental dialética (DBT), no trabalho com clientes cronicamente suicidas e com condutas autolesivas sem intencionalidade de suicídio (CASIS). Na análise funcional, a autora sugere acessar o antecedente "gatilho" em que ocorre a resposta suicida, o comportamento e a sua consequência. Esse entendimento causal mostrou-se bastante inovador dentro do universo das terapias cognitivo-comportamentais (TCC), até então fortemente fundamentado em eventos encobertos, como a distorção de cognições.

Embora a proposta de Linehan (1993) seja um distinto referencial para muitos terapeutas comportamentais e cognitivo-comportamentais, é de nossa firme convicção que, desde um ponto de vista analítico-comportamental, ela ainda permanece incompleta. Pelo fato de a resposta suicida ser um comportamento governado por regras (Hayes et al., 1999), o mais correto é a identificação das variáveis em que ocorre com maior frequência a emissão das regras "suicidas". Essas regras têm sido descritas na literatura de forma mais genérica sob a concepção de ideação suicida.

Um recorte da ideação suicida pode especificar alguma regra "suicida" contida na sua cadeia verbal. As ideações podem entrar em uma relação resposta-resposta com uma tentativa de suicídio. A Tabela 9 ilustra a análise funcional de uma tentativa de suicídio sob o controle de uma ideação suicida.

Tabela 9 Análise funcional de uma tentativa de suicídio sob o controle de uma ideação suicida

Estímulo antecedente (situação gatilho)	Comportamentos (relação R-R, entre resposta encoberta e resposta aberta)	Consequências
Término do relacionamento com o namorado	"Ninguém gosta de mim, pois não apresento nada de interessante aos olhos das pessoas. Vou dar um fim em tudo, chega de sofrimento." Tenta o suicídio por *overdose*	Lavagem gástrica Familiares em crise Ganho de atenção do namorado para um possível retorno do relacionamento

De uma forma mais técnica, no modelo de análise funcional da BA-IACC, conforme proposto na Tabela 9, o terapeuta acessa o antecedente "gatilho" (p. ex., algum problema no relacionamento afetivo, como o término trazido no exemplo), a resposta de ideação suicida (p. ex., "Vou dar fim em tudo, chega de sofrimento") e, caso existente, sua relação com uma resposta aberta de tentativa de suicídio (p. ex., *overdose*), além das consequências produzidas (p. ex., retorno do namoro e crise familiar). Se o terapeuta consegue identificar o gatilho usual e a consequência última para a sequência de respostas R-R, ele pode planejar junto ao cliente um plano para modificar a contingência.

Esse recorte ilustra ainda alguns outros pontos para discussão. Primeiramente, afirmar que uma resposta suicida pode produzir múltiplas consequências não especifica qual das consequências reforça a tentativa de suicídio, ou seja, qual das consequências ganha controle crítico de uma nova futura tentativa. Segundo ponto, caso o retorno do namorado venha a ser o evento crítico reforçador da tentativa de suicídio, isso será diametralmente diferente de afirmar que a cliente em questão teve intencionalidade de manipulação. Afirmar que a tentativa de suicídio é, em parte, controlada pela ideação suicida apenas especifica uma relação funcional entre eventos. Um comportamento governado por regras como esse produz uma consequência ambiental última, que entrará no controle da ideação e também da tentativa futura. Então, imputar intencionalidade de "manipulação social" no ato suicida apenas expõe um prisma engessado e tendencioso de análise. A única certeza dessa experiência é o desespero. Novamente, o terapeuta comportamental deve sempre desarmar essa armadilha de implicações deletérias para a imagem do cliente.

Dentro da concepção funcional da BA-IACC, portanto, as cognições (p. ex., ideação suicida) não poderiam ser a causa do suicídio, mas parte daquilo que também precisa ser histórica e contextualmente explicado. A análise funcional conforme apresentada traz uma explicação contextual para as cognições associadas ao comportamento suicida.

LIDANDO COM O COMPORTAMENTO SUICIDA EM CLIENTES EM DEPRESSÃO DE MODERADA A SEVERA

Os terapeutas BA-IACC, como em outras tradições, acessam informações fundamentais do cliente, como a história passada de tentativas de suicídio, o plano de suicídio, a disponibilidade de suporte social, a iminência de tentativa de suicídio e a disponibilidade para ligações junto ao cliente potencialmente suicida. Diferentemente de outras tradições em saúde mental, esses procedimentos sempre são feitos a partir do crivo criterioso da análise funcional. A análise funcional de avaliação é o coração da intervenção funcionalmente-orientada na crise suicida. Ilustramos a avaliação e intervenção com o caso de Denise, 28 anos, BDI-II 32, em depressão severa.

Denise havia iniciado recentemente uma nova faculdade, de psicologia, após ter finalizado sua primeira graduação. Pelo fato de estar migrando de profissão, depositava grande esforço e expectativa em seu desempenho nas novas disciplinas. Morava com a avó e a mãe. A cliente era uma competente acadêmica e despertava admiração e amizade de muitos de seus colegas de curso.

Veio encaminhada por um psiquiatra e pela sua antiga psicoterapeuta, sob o diagnóstico de transtorno de personalidade *borderline* e depressão, com prescrição de medicamentos para as duas condições comórbidas. A cliente iniciou a terapia, tendo comparecido a oito sessões, ao longo de aproximadamente 3 meses. Interrompeu a terapia logo após o final do terceiro mês, sob alegação de necessitar de tempo adicional para os trabalhos e provas do curso. No seu retorno, chegou à sessão bastante trêmula e vermelha, aparentando impregnação pelo uso de medicamentos.

Logo após comunicar satisfação com o seu retorno, o terapeuta perguntou o que havia acontecido. A cliente então contou a tentativa de suicídio que havia tido no último fim de semana, conforme o recorte abaixo.

Cliente: Eu tentei suicídio nesse sábado. Estava em casa e sozinha em meu quarto, quando tomei os remédios. Logo após ter tomado, resolvi ligar para uma amiga para contar. Então minha avó entrou no quarto e, vendo o que havia acontecido, começou a ficar desesperada. Ligou para a ambulância, que veio nos pegar.

Terapeuta: Sua mãe estava em casa nessa hora?

Cliente: Estava também. Ela e minha avó ficaram muito, mas muito mal com tudo isso. Foi o maior desespero.

Terapeuta: E como foi no hospital?

Cliente: Entramos no PA, eu e minha avó. Ela logo foi internada, pois estava com pressão alta. Minha psiquiatra já estava à minha espera no PA, tendo me acompanhado na lavagem.

Terapeuta: Ela foi comunicada então?

Cliente: Sim, ela foi chamada.

O segundo passo foi direcionar a entrevista para formulação da análise funcional com o objetivo de avaliar o contexto em que ocorreu a tentativa de suicídio.

Terapeuta: Vou precisar lhe perguntar sobre os acontecimentos que culminaram nessa tentativa de *overdose*. Precisaremos entender um pouco melhor o contexto em que tudo isso aconteceu.

Cliente: Então, doutor, eu estava muito ansiosa com a entrega das notas de algumas matérias na faculdade. Logo no estacionamento, antes de sair do carro, fiz os cortes (CASIS) no braço, mas isso não me acalmou. Passei primeiro na enfermaria para os cuidados e depois me dirigi até a sala para pegar a nota. E, confirmando o meu medo, tirei 8 na disciplina de Psicologia Social. Fiquei muito desnorteada. As coisas pareciam balançar nessa hora. Fui para casa imediatamente pensando muita coisa ruim, entrei no quarto e tomei os meus remédios. Pensava que não seria uma boa profissional, e que eu não merecia viver.

Terapeuta: Como você avalia a nota 8?

Cliente: Eu merecia alguma punição por isso. É uma nota baixa e eu preciso ter um desempenho muito bom, com notas melhores. É a minha segunda faculdade, e, diferente da primeira que cursei, essa faculdade é particular! O 8 só atesta que sou burra.

A análise funcional mostrou que, diante da nota da prova, indicador de fraco desempenho, a cliente teve ideação suicida e tentou *overdose*. Para o terapeuta, essa avaliação do comportamento funcionalmente-orientada abre algumas possibilidades de análise e intervenção. Começamos com a análise e a intervenção a partir do evento consequente apontado pela análise de avaliação.

Terapeuta: Você mencionou que teve que fazer lavagem gástrica, não? Como foi isso?

Cliente: Bom, doutor, logo no PA o médico ou enfermeiro de plantão já enfiou a sonda sem qualquer cuidado. Não sei se deveria ter feito qualquer anestesia. A minha psiquiatra até pediu antes para ter cuidado, mas não teve jeito. Parece que as equipes de plantão de hospital não estão querendo muito atender suicídio.

Terapeuta: Injetaram o carvão?

Cliente: O senhor sabe, né, ficam injetando o soro várias vezes e aquele carvão. É horrível, dá muita náusea. Estou com dor na garganta até agora.

Terapeuta: Como o seu organismo reagiu à *overdose*? Vi que você está tremendo bastante hoje, e usualmente não me lembro de você ter tido esse tipo de reação aos medicamentos que tomava.

Cliente. Pois é, a lavagem não fez milagre. Algum medicamento foi absorvido pelo meu organismo. Por causa disso estou passando vergonha, sei que não paro de tremer, e que estou meio impregnada. Isso despertou mais a atenção das pessoas na faculdade e no trabalho.

Terapeuta: Agora, Denise, eu gostaria de saber o que houve com a sua avó. Ela foi internada também?

Cliente: Ela ficou muito nervosa, e sua pressão subiu. Minha mãe a acompanhou e não pôde entrar comigo. Passa bem agora, mas o choque foi muito grande. Está sendo ainda. Em casa encontro-a chorando pelos cantos, por minha causa, por eu ter tentado me matar. Minha mãe está triste também. Para mim é duro ver minha avó desse jeito, pois ela já é idosa e tem a saúde frágil. Se ela morrer por causa disso, penso que não irei aguentar. Eu a amo, e ela é o único motivo para eu estar viva.

O terapeuta tentou levar o cliente a descrever algumas consequências produzidas pela tentativa de *overdose*. Com esse objetivo incentivou o relato detalhado da experiência com a experiência aversiva, desde a intervenção médica da lavagem gástrica e o efeito da medicação ingerida, evoluindo para o relacionamento com a avó e a mãe. As perguntas foram estrategicamente apresentadas para a descrição da riqueza da experiência. A ideia foi tentar mudar a função de estímulo "*overdose*", de modo que esse evento passasse a exercer acentuada função aversiva, quiçá podendo ter o efeito de frear uma próxima tentativa.

Uma outra intervenção com base no segundo elemento da análise funcional foi conduzida pelo terapeuta, a saber, no repertório de respostas à crise do cliente. O recorte descreve como o terapeuta conduziu a intervenção.

Terapeuta: Você contou que, logo após ter ingerido todos os remédios, ligou para a sua amiga. O que a levou a fazer isso?

Cliente: Pensei logo que ela poderia me ajudar. Antes de minha alta do hospital, na verdade, outras amigas da minha turma foram me visitar.

Terapeuta: Quem são elas?

Cliente: A Luciana, a Giovana e a Pri.

Terapeuta: Elas sabiam dos seus problemas antes? Lembro-me de você ter mencionado a Luciana, mas não as outras duas amigas.

Cliente: Sim, elas sabiam. Temos boa amizade. Elas sempre se preocupam comigo. Perguntam como eu estou. Gosto muito delas.

Terapeuta: Você acredita que poderia ter recorrido a elas antes de ter tentado a *overdose*, já que possuem boa entrada uma com a outra?

Cliente: Se eu tivesse mandado uma mensagem, teriam respondido, sim.

Terapeuta: E quem delas é mais rápida para uma resposta a um pedido de socorro?

Cliente: Todas são. Talvez a Priscila demore mais. Ela sempre leva um tempo para responder no aplicativo.

Terapeuta: Uma chamada de voz teria tido mais sucesso?

Cliente: É possível. Acho que, agora, depois de tudo, elas estarão mais sensíveis ao meu pedido de socorro.

Terapeuta: E você antevê algum obstáculo se isso acontecer?

Cliente: A Pri e a Giovana moram longe. Mas a Luciana mora aqui perto, e ela ainda não trabalha. Melhor então colocá-la ela como primeira opção.

Terapeuta: Lembro-me também de você ter contado que, na iminência de uma tentativa de suicídio, pedia para ser internada. Como seria para você fazer isso? Acha que poderia ser uma boa alternativa?

Cliente: Sim, seria. É só pedir para minha mãe me internar. Sinto-me protegida com ela. Posso fazer isso.

A análise com base no consequente teve o objetivo de tentar frear uma próxima tentativa por *overdose*. Já a intervenção com base no repertório de manejo da crise lança mão dos socorros emergenciais de procura de ajuda, de rápida resposta, e projeção de obstáculos e soluções.

Por último, a intervenção adotada com base no antecedente, normalmente mais demorada, demanda mais sessões. Nessa direção, o terapeuta também iniciou intervenção com base nos antecedentes identificados pela análise funcional inicial. A sensibilidade alta à nota 8 não foi abordada sob a perspectiva de exagero de pensamento ou distorção de interpretação da realidade. De fato, é possível que pudesse até ser contraproducente entrar com qualquer intervenção de desafio de pensamento, como um questionamento socrático. Alternativamente, o terapeuta optou em sua intervenção por tentar mudar a relação funcional que o cliente vinha estabelecendo com a nota 8. O recorte a seguir ilustra essa interação.

Terapeuta: A tentativa de suicídio ocorreu a partir da nota 8, não? Em que disciplina você foi mal? Na de Psicologia Social prática ou na teórica?

Cliente: Na parte teórica. Eu leio aquilo, aqueles autores que a professora passa, mas não consigo entender bem Piaget, ou qualquer daqueles outros autores soviéticos. Não sei, não vejo relevância para aquilo.

Terapeuta: Quando você resolveu migrar de área e optou pela psicologia, o que você queria? Qual era o seu sonho naquela ocasião?

Cliente: Eu entrei no curso para conhecer mais da psicologia científica. E não vejo qualquer ciência naquele discurso todo da psicologia social. Eu sou *borderline*, e devido à minha doença, e à depressão que também tenho, sempre me interessou entender os tratamentos que funcionam. Conheci assim, até antes da faculdade, a terapia dialética. A TCC veio nessa esteira. Não sei muito bem ainda, mas queria ter um centro em que pudesse trabalhar com TCC, em que eu pudesse no futuro ajudar as pessoas que tenham o mesmo problema que eu.

Terapeuta: Como essa disciplina de psicologia social contribui efetivamente para que você alcance esse seu objetivo?

Cliente: Em nada.

Terapeuta: E a parte prática? Ajuda a lhe responder a essa pergunta?

Cliente: Não sei. Estou fazendo o estágio obrigatório da matéria em uma instituição da prefeitura. Mas é em psicologia institucional com fundamento da "social". Enfim, ficamos somente discutindo os problemas sociais, mas, doutor, não é necessário ser psicólogo para fazer isso!

Terapeuta: Então, o que você está me afirmando, em síntese, é que as disciplinas de Psicologia Social, teórica e prática, não te ajudam em nada a formar a psicóloga que você sonha ser.

Cliente: Não, não vejo por onde.

Terapeuta: Eu tenho uma proposta. Como você sabe, tenho vida acadêmica também, então não trabalho só com a clínica. E por já ter dado aula em cursos de graduação e pós-graduação de psicologia, conheço as grades curriculares e conseguiria pensar com você, a partir dessa demanda, quais disciplinas poderiam realmente te pôr na direção do seu plano. O que você acha de trazer a grade curricular do seu curso para que pudéssemos analisar juntos, e assim identificar algumas matérias que realmente merecem a sua dedicação?

Cliente: Vou imprimir do *site* e trago na próxima sessão.

Nessa intervenção, o terapeuta teve o objetivo de mudar a função de estímulo da nota da prova, redirecionando os comportamentos de dedicação da cliente para disciplinas mais relevantes, e de acordo com alguns valores acadêmicos descritos pela cliente. A meta seria ensinar prioridades à cliente, a partir da análise da grade curricular, tornando a cliente menos sensível ao desempenho obtido em disciplinas avaliadas como secundárias.

Em síntese, a intervenção com base em uma análise funcional prévia de avaliação de ideação e tentativa de suicídio permite ao terapeuta intervir com base no evento antecedente, no repertório de resposta à crise e no consequente descrito. A decisão clínica criteriosa da ordem da execução das intervenções competirá ao terapeuta. Indiferentemente de qual das intervenções possa vir a ser a mais útil dentro de uma circunstância pontual da crise, o importante é promover a mudança da relação funcional entre eventos identificada. O objetivo será então diversificar as possibilidades de ação do cliente em crise.

UTILIZANDO O PLANO GERAL PARA CRISES (PGC-IACC)

O PGC-IACC (Anexo 1) pode ser preenchido ao longo das sessões, especialmente com clientes que tenham assinalado perigo ou histórico de tentativa de suicídio. Nele, o cliente informará contatos de serviços de emergência (p. ex., ambulância e clínicas para internamento) e o telefone do serviço de crise do plano de saúde. Informará também contato de familiares e/ou amigos que possam prestar pronta ajuda.

O PGC-IACC acessa também os dados sobre as situações-gatilho usuais para ideações e tentativas de suicídio (p. ex., ameaças de final de relacionamento amoroso), os comportamentos que o cliente tem quando está em crise e os sinais de que não pode gerenciá-la adequadamente (p. ex., ingerir drogas ou beber em excesso após a briga com o namorado). As operações motivadoras que tornam o cliente mais vulnerável são informadas (p. ex., seguidas noites com insônia, ficar um tempo sem vir à terapia), além das coisas que pode fazer como resposta à crise (p. ex., ligar para um amigo que estará prontamente disponível para o socorro).

As respostas mais pontuais e, portanto, potencialmente úteis serão as fornecidas a partir da análise funcional de episódios pregressos de crise. Por isso, insistimos na necessidade de priorizar a obtenção de informações funcionalmente-orientadas.

Capítulo 14

Depressão e insônia

A insônia é caracterizada pela acentuada dificuldade de iniciar e/ou manter o sono e pela ocorrência de despertar precoce pela manhã (Ohayon, 2000; Vaughn & D'Cruz, 2005). Dentro dos critérios do DSM-5, o diagnóstico de insônia envolve queixa subjetiva sobre problemas para adormecer ou permanecer dormindo. Essas dificuldades devem vir associadas a prejuízos ao longo do dia e não devem ser mais bem explicadas por outra condição médica (DSM-5; American Psychiatric Association, 2014). O National Institutes of Health (NIH, n. d.) recomendou que o termo insônia secundária fosse substituído por comórbida, a partir de evidências de que a insônia contribuiria para a manutenção do transtorno associado e que, por isso, comporia um diagnóstico próprio (Harvey, 2001; Smith, Huang & Manber, 2005). Essas conclusões foram também apreciadas pelo DSM-5, que não mais estabeleceu a distinção entre insônia primária e secundária. Hoje esse entendimento mais amplo é encontrado na Classificação Internacional das Desordens do Sono sob o diagnóstico de "Transtorno de Insônia Crônica" (ICSD-3; American Academy of Sleep Medicine, 2014).

Alguns estudos mostram que a insônia pode ser um critério diagnóstico, um fator de risco ou, ainda, pode ser um fator de perpetuação da depressão (Ng, 2015). Clientes tratados para depressão e insônia, com antidepressivo e terapia comportamental, pontuam melhores resultados nas escalas de depressão (Watanabe et al., 2011). A integração de tratamentos comportamentais para a depressão e a insônia tem sido a primeira opção. A American Academy of Sleep Medicine recomenda as duas terapêuticas como tratamento de primeira linha para pessoas com todas as formas de insônia, incluindo as que atualmente usam drogas hipnóticas (Sateia et al., 2017).

Com exceção do manual BA-IACC aqui proposto, inexistem propostas atuais de ativação comportamental (BA) direcionadas também ao tratamento da insônia comórbida (Abreu & Abreu, 2017b). Um tratamento concomitante para depressão e insônia foi pioneiramente proposto na BA de Lewinsohn et al. (1976), porém, infortunadamente, parece que não foi revisitado pelos terapeutas comportamentais.

A BA-IACC tem o objetivo fundamental de abordar a depressão em suas principais características diagnósticas, e, por isso, avaliamos que negligenciar o tratamento próprio da insônia pode produzir péssimos desfechos clínicos. Ao contrário do que se acreditava no passado, é comum a insônia residual mesmo após o tratamento bem-sucedido da depressão. Outro dado que fundamenta nossa abordagem aponta que os distúrbios de insônia residual, mesmo após tratamento da depressão, aumentam a chance de novo episódio depressivo maior (Dombrovski et al., 2007).

De um ponto de vista comportamental, não entendemos depressão e a insônia como diagnósticos distintos, e por isso dissociáveis, como sugere o conceito de comorbidade médica. O rico fenômeno comportamental envolvido na insônia vai para muito além da concepção de um critério diagnóstico, ou mesmo um diagnóstico integral, conforme as propostas mais modernas.

A privação de sono altera as relações que a pessoa estabelece com o seu mundo, ampliando ou restringindo as possibilidades de ação, dentro das oportunidades que a vida individual de cada um permite. Para além das complicações médicas, como o aumento de pressão e a alteração do metabolismo, a falta de sono altera a suscetibilidade a estímulos reforçadores e, portanto, as contingências de reforçamento como um todo. Para o entendimento global das interferências produzidas pela privação de sono é imprescindível, portanto, uma análise do comportamento em contexto.

Mais precisamente, a relação entre problemas de comportamento e a insônia necessita evidenciar a relação funcional entre os três termos da contingência de reforçamento, ou seja, os antecedentes, os comportamentos e as suas consequências.

Nos antecedentes, é útil considerar o papel das operações motivadoras, como a privação de sono. Uma operação motivadora é definida como um evento antecedente que altera temporariamente o valor do reforçador, e ainda avoca comportamentos que historicamente produziram dado reforçador (Michael, 1982). A falta de sono tem sido identificada como uma operação motivadora para o problema de comportamento, especialmente para o mantido por reforçamento negativo (Langhorne, McGill & Oliver, 2013). A privação de sono pode aumentar temporariamente o valor do reforçamento para a fuga de demandas, tornando o problema de comportamento mantido pela fuga mais provável de ocorrer. O aumento da frequência de comportamentos de fuga e esquiva interferem, ao seu turno, na taxa de respostas contingentes ao reforçamento positivo (RCPR), processo que mantém o cliente em depressão.

Como propostas integradas de tratamento comportamental da insônia, adotamos o diário de sono, o treinamento de relaxamento progressivo (Jacobson, 1938), a terapia de controle de estímulos (Bootzin, 1973) e o planejamento de atividades da agenda compatíveis com novos padrões de sono.

DIÁRIO DE SONO E AGENDA DIÁRIA DE ATIVIDADES

O diário de sono é uma agenda semanal (Anexo 2), que organiza as informações referentes aos padrões de sono de segunda a domingo. Nele o cliente deverá responder a perguntas como a hora em que foi para cama, o momento em que dormiu, o número de horas dormidas, as interrupções, a hora em que despertou, as sonecas diurnas, o uso de drogas lícitas e ilícitas. O diário traz ainda notas subjetivas sobre a qualidade do sono.

O diário é útil por permitir um acompanhamento pontual de parâmetros temporais do sono, a exemplo da sua duração, além de registrar a frequência dos episódios de sono e suas interrupções. Essas informações deverão sempre ser contextualizadas a partir da comparação e da análise funcionalmente-orientada das informações trazidas pela agenda diária de atividades da BA-IACC.

TÉCNICAS PROPOSTAS

A técnica de relaxamento recebeu a classificação de forte suporte de evidências no tratamento da insônia, segundo a Divisão 12 da Associação Americana de Psicologia (Relaxation Training for Insomnia, n.d.). O manual BA-IACC adota o relaxamento progressivo clássico de Jacobson (1938) como um importante componente das intervenções.

O relaxamento traz a racional de que a tensão muscular acontece na ansiedade e que o relaxamento dos mesmos grupos musculares auxilia no seu bloqueio. O procedimento envolve a aprendizagem do monitoramento da tensão na contração de grupos musculares. O cliente é encorajado a tensionar um grupo muscular por 5 a 10 segundos, para ao final relaxar. O terapeuta então direciona a atenção do cliente para a mudança da relação tensão-relaxamento.

O tensionamento/relaxamento é conduzido a partir das mãos, antebraços e bíceps. Segue para a fronte e o couro cabeludo. Depois boca e mandíbula, pescoço, ombros, peito, costas e barriga. Acompanha então pernas, panturrilhas, pés direito e esquerdo. O treinamento ocorre inicialmente na sessão por meio de modelo postural apresentado pelo terapeuta, e da modelagem dos movimentos do cliente. Por ser uma habilidade complexa a ser desenvolvida pelo cliente, necessitará de treino periódico. O cliente deve repetir o relaxamento sempre antes da hora de dormir, registrando a atividade na agenda diária.

Outra intervenção importante que adotamos conjuntamente é o controle de estímulos. Essa técnica também recebeu a classificação de forte suporte de evidências no tratamento da insônia segundo a Divisão 12 da Associação Americana de Psicologia (Stimulus Control Therapy for Insomnia, n.d.). No controle de estímulos, algumas regras são apresentadas e discutidas com o cliente. São elas:

- O cliente deve ir para a cama somente quando sentir sono.
- Caso fique mais de 20 minutos na cama sem iniciar o sono, o cliente então deverá sair do quarto.
- A cama deve ser utilizada somente para dormir e fazer sexo.
- Durante o dia as sonecas são proibidas, pois interferem no ciclo sono/vigília.
- Deve ser acordado junto ao cliente um horário fixo para despertar, que deverá ser criteriosamente seguido.

Muitos dos procedimentos médicos de higiene do sono tiveram sua origem no procedimento de controle de estímulos, ainda que, naquelas explicações, não se façam menções aos princípios comportamentais que fundamentam as práticas.

Bootzin (1973) analisou funcionalmente os comportamentos envolvidos no dormir, afirmando que o contexto pode ter função de antecedente para comportamentos incompatíveis com o iniciar o sono. Muitos clientes depressivos relatam ruminação e dificuldades de iniciar o sono quando tentam forçosamente dormir, ou ainda quando estão envolvidos com as preocupações do dia a dia.

O funcionamento da técnica de controle de estímulos pode ter também fundamentação no comportamento respondente. Sob esse prisma, o contexto do quarto ganharia função de estímulo condicional aprendido após ter sido pareado com os estímulos envolvidos no dormir. Esse contexto eliciaria comportamentos respondentes do organismo que facilitariam o início do sono.

Depreende-se daí a importância do cliente parar de "rolar na cama" e já sair do quarto, ou mesmo evitar usar o celular e/ou trabalhar na cama. O quarto deve ser um ambiente restrito ao sono e ao sexo, para evitar que ocorra qualquer aprendizagem de respostas respondentes incompatíveis com o dormir.

ESTUDO DE CASO

Considere Pedro, um cliente de 23 anos em depressão moderada, BDI-II 33, que havia em sua história perdido precocemente seu pai e sua mãe, assumindo o negócio da família e ficando incumbido da administração financeira do patrimônio da irmã mais nova. No início da terapia, o cliente descreveu que tinha péssimo sono durante a semana, porém não identificava isso como algo que pudesse interferir em sua depressão. Sua queixa principal permanecia sendo unicamente a "depressão".

O trabalho com o cliente começou com a aplicação da agenda diária para identificar as regularidades comportamentais. Após algumas semanas de monitoramento, foram identificados longos cochilos diurnos, com função de esquiva, nos horários em que o cliente deveria estar no trabalho. A terapeuta decidiu também implementar o diário de sono para monitorar de forma mais precisa os cochilos, com o objetivo de compreender melhor o padrão de sono citado pelo cliente.

Durante algumas semanas, Pedro preencheu a agenda diária e o diário de sono. A partir da comparação entre as duas agendas, foi possível identificar o quanto o padrão de sono do cliente estava interferindo nas atividades, contribuindo para mantê-lo cronicamente depressivo.

Com o auxílio da agenda de sono, verificou-se que de quinta-feira a domingo o cliente fazia o uso de grande quantidade de bebida alcoólica, adormecendo somente no início da manhã do dia seguinte. Passava então o restante do dia dormindo. A Tabela 10 apresenta os dados do diário de sono na avaliação.

Tabela 10 Diário de sono na fase de avaliação

	Domingo	Segunda	Terça	Quarta	Quinta	Sexta	Sábado
Hora em que foi pra cama	2:00	0:30	0:00	0:00	2:30	4:00	7:00
Hora em que adormeceu	4:00	2:00	2:00	1:00	3:00	4:00	7:00
Horas dormidas	6	7:30	7	7:30	5	7	9
Interrupções do sono	2	1	0	0	0	2	1
Horas em que despertou	10:00	9:30	9:00	8:30	8:30	11:00	16:00
Cochilos?	Sim, 2 horas	Não	Não	Não	Não	Não	Sim, 1 hora
Qualidade do sono	4	5	7	7	6	5	0
Álcool/ medicamento	2 cervejas	Não	Não	Não	Bar	Festa	Festa

Nos dias de segunda a sexta feira, Pedro não conseguia dormir cedo, em função do padrão de sono desorganizado do final de semana estendido. Consequentemente tinha enorme dificuldade em acordar cedo. Acabava despertando cansado e, sob o desconforto com a noite mal dormida, ia tarde para a empresa, produzindo muito pouco. Nessas ocasiões fechava a porta do escritório e ficava distraído ao celular. Nas segundas-feiras, sequer ia trabalhar. Aproveitava então para tirar cochilos à tarde.

O padrão de Pedro comprometeu também o tempo que dedicava ao convívio com a irmã, deixando-a sozinha, conforme relato do cliente. As ausências na empresa comprometeram a administração da vida financeira, pois acabava em última instância delegando para os funcionários a curadoria dos negócios de sua família. A Tabela 11 apresenta a agenda diária de avaliação.

Tabela 11 Atividades desenvolvidas pelo cliente durante a fase de avaliação

	Domingo	Segunda	Terça	Quarta	Quinta	Sexta	Sábado
Manhã	Dormi	Acordei tarde e não fui trabalhar D3 P2	Acordei cedo e fui trabalhar D4 P3	Acordei cedo e fui trabalhar D4 P2	Acordei cedo e fui trabalhar D4 P2	Acordei tarde	Dormi
Tarde	Dormi, acordei cansado	Fiquei em casa descansando D0 P1	Trabalhei, academia D2 P2	Trabalho e terapia D3 P3	Trabalho e fisioterapia D2 P3	Trabalhei muito pouco D2 P1	Ressaca e churrasco
Noite	Jogo e pizza D4 P4	Futebol e *videogame* D5 P5	Terminei namoro D5 P0		Bar e jogo D2 P2	Festa	Festa

Após algumas semanas de avalição sob o escrutínio das agendas, foi possível planejar e organizar os padrões usuais do sono, com foco nas respostas de esquiva de "dormir até tarde" e de tirar cochilos diurnos. Com o auxílio do acrônimo GEE1, foram identificadas as esquivas das atividades da empresa, como a que ocorria na segunda-feira. Tinha reunião de trabalho periódica às segundas com a sua equipe, e isso lhe era bastante aversivo. Nos finais de semana acabava se envolvendo com festas e churrascos, não tendo tempo para o contato com a irmã. Pedro vinha se achando incompetente em gerir as finanças da família, o que produzia medo com o futuro da irmã caçula, sob sua responsabilidade financeira. Essa era uma queixa marcante do cliente, pois não se achava suficientemente maduro para a tutela afetiva e financeira da irmã. O padrão de sono dos fins de semana, acrescido dos exageros com o álcool, fazia com que Pedro não pudesse ver a irmã. Mas logo essa consequência usual despertava nele sentimentos de culpa. A irmã, segundo relatou, era a única familiar com quem tinha conexão afetiva.

Como manejo de contingências a partir das agendas, foram definidos(as) (1) algumas atividades concorrentes com as faltas ao trabalho, (2) os horários fixos para dormir e despertar (conforme prescreve o controle de estímulos), (3) as atividades físicas para promoção da saúde (demanda colocada pelo cliente), e (4) o horário diário para o exercício do relaxamento. A Tabela 12 apresenta o plano de manejo de contingências dos comportamentos de dormir.

Tabela 12 Atividades de como manejo de contingências

	Domingo	Segunda	Terça	Quarta	Quinta	Sexta	Sábado
Manhã	Estabelecidos os horários regulares para ir para a cama e para acordar Estabelecida uma rotina ao lado da irmã caçula Desenvolvimento de rotina de exercícios físicos						
Tarde	Programação de atividades na empresa, como as reuniões						
Noite	Ritual noturno de higiene do sono para "desligamento" gradual Programação da rotina para o treinamento do relaxamento progressivo						

As atividades planejadas foram dispostas na agenda diária do cliente. Os objetivos últimos das intervenções elencadas foram regular os hábitos de sono, evidenciar as esquivas passivas, promover o empoderamento profissional a partir da participação ativa na empresa e, também, aumentar o convívio com a irmã caçula.

No período da manhã o cliente passou a acordar cedo para tomar café e levar a irmã para a escola. De lá se dirigia direto para a academia. No trabalho programou o agendamento das reuniões nos períodos da tarde para que, sob compromisso, pudesse melhorar sua pontualidade. Outra mudança foi estrategicamente implementada pelo cliente no ambiente do escritório. Mudou de sala de modo a ficar visível para os funcionários, pois, com isso, ficaria constrangido caso tivesse vontade de mexer no celular.

Coerente com a proposta da BA-IACC, as atividades orientadas ao trabalho com os padrões de sono são, ao nosso entendimento, imprescindíveis para o aumento da RCPR.

Capítulo 15
Equipes de consultoria na BA-IACC

A prática baseada em evidências em psicologia (PBEP) é um processo de tomada de decisão clínica a partir da integração da melhor evidência disponível com a perícia clínica no contexto das características, cultura e preferências do cliente (American Psychological Association, 2006). De especial interesse, as variáveis do terapeuta necessitam ser equacionadas também para a condução adequada da ativação comportamental (BA) junto a clientes depressivos.

Por se tratar de casos difíceis, e de enorme prevalência entre a população, é cada vez mais comum o estresse produzido em profissionais na condução do tratamento de clientes depressivos. Isso ocorre porque os progressos são muitas vezes "homeopáticos", o terapeuta encontra reticente postura de desânimo, falta de esperança, múltiplas queixas em forma de ruminações, além de ter que encarar frontalmente o risco repetido de suicídio. Por todos esses fatores, a condução da BA tem sido relatada como algo extremamente desafiador, especialmente com clientes nos estratos de depressão de moderada a severa. Ainda que a BA possua forte suporte de pesquisa no tratamento da depressão, ela necessitará sobretudo da perícia técnica da pessoa do terapeuta para a sua aplicação. Necessitamos, portanto, de um terapeuta com excelente formação e que esteja na melhor de suas faculdades emocionais para esse cuidadoso exercício técnico.

A consultoria de equipe foi formulada para preencher essa lacuna, para prestar suporte ao profissional de saúde mental. Ela é um componente de alguns sistemas de psicoterapia, sendo mais associadas à terapia comportamental dialética (DBT) dentro do universo das terapias comportamentais (Linehan, 1993). Idealmente criada para a discussão conjunta dos profissionais que compunham equipes de atendimento, hoje a consultoria pode acontecer entre profissionais de diferentes núcleos, ou mesmo cidades e países. O único pré-requisito é que os profissionais membros estejam atendendo ao menos um cliente depressivo sob a BA-IACC.

O trabalho de consultoria tem como funções monitorar a aderência dos terapeutas ao manual BA-IACC, monitorar o progresso do cliente e avaliar os problemas que surjam no tratamento, aumentar e manter a motivação a partir das resoluções de problemas do terapeuta que interferem na aplicação da BA-IACC. Analisaremos a seguir cada uma dessas funções.

MONITORAMENTO DA ADERÊNCIA DOS TERAPEUTAS AO MANUAL BA-IACC

O que existe de mais fundamental para uma adequada aplicação da BA-IACC é, sem dúvida, o compromisso com a concepção funcional de depressão. O entendimento dessa concepção envolve, para além da caracterização dos comportamentos depressivos, o domínio dos processos responsáveis pela diminuição da taxa de respostas contingentes ao reforçamento positivo (RCPR) (p. ex., contextos de controle aversivo). Enfatizamos também a necessidade do diálogo transversal com o diagnóstico diferencial psicopatológico. A psicofarmacologia aplicada deve se pautar também dentro dessa concepção.

Na aplicação, o uso básico da agenda diária de atividades com escalas de domínio e prazer deve ser priorizado, sempre sob o escrutínio da análise funcional dos comportamentos orientada pelos acrônimos GEE1 e GEE2. Ainda, a intervenção dentro do manual BA-IACC pode envolver a necessidade da integração com as intervenções FAP-orientadas, e/ou ACT-orientadas, conforme as adaptações propostas no manual. É imprescindível também a investigação e o controle dos padrões de sono do cliente, pois, no manual, os problemas de insônia são abordados na mesma qualidade dos outros problemas de comportamento na depressão.

MONITORAR O PROGRESSO DO CLIENTE E AVALIAR OS PROBLEMAS QUE SURJAM DURANTE O TRATAMENTO

A BA-IACC clínica é uma prática baseada em medidas continuadas do cliente. Fazer boa BA-IACC é, acima de tudo, ter evidências de que o cliente está em uma curva ascendente de melhora. Várias escalas foram apresentadas para o acompanhamento pontual das mudanças de comportamento. São elas: a Agenda Diária de Atividades, o Inventário de Depressão Beck-II, a Escala de Observação de Recompensas Ambientais, a Escala de Depressão para Ativação Comportamental (versão breve e estendida) e o Índice de Probailidade de Recompensa.

Em conjunto com a análise funcional dos processos responsáveis pela RCPR, as escalas ajudam a identificar qualquer estagnação de progresso clínico que possa ocorrer em função de alguma variável da terapia, seja no processo técnico de avaliação ou da intervenção.

A consultoria de equipe contém espaço para intervisão clínica entre os profissionais que compõem a equipe. Para isso, o suporte entre pares deverá se pautar sob todas as informações do caso. Entendemos que muitos dos problemas do cliente podem ser, até certo ponto, de fácil manejo mediante uma rápida reanálise e discussão entre a equipe.

Enfatizamos que a pauta da intervisão não substitui a supervisão clínica em problemas de maior complexidade. Dizer isso é confirmar a necessidade, caso essencial, do acompanhamento de um profissional com maior experiência.

AUMENTAR OU MANTER A MOTIVAÇÃO A PARTIR DAS RESOLUÇÕES DE PROBLEMAS DE COMPORTAMENTO DO TERAPEUTA QUE INTERFEREM NA APLICAÇÃO DA BA

A resolução dos problemas de comportamento do terapeuta que interferem na terapia é algo fundamental para a preservação da aliança terapêutica. Sem a aliança é muito difícil lograr qualquer desfecho positivo de caso.

Por vezes o terapeuta pode, por força de frustrações com o andamento do caso, apresentar condutas problemáticas na condução da sessão. Pode, por exemplo, reforçar mandos disfarçados[11] do cliente de relato de progresso, mesmo na ausência do progresso real fora da sessão. Clientes depressivos sob privação de atenção social podem ser especialmente sensíveis ao reforço arbitrário do terapeuta. Uma análise funcional conduzida pela equipe de consultoria poderia identificar rapidamente o uso de reforços arbitrários, seja consequência de alguma inabilidade ou mesmo por efeito de alguma ansiedade que interfere na condução da terapia. A equipe teria então a oportunidade de elencar possibilidades de novas condutas com o objetivo de que esse terapeuta consiga retomar o adequado manejo das sessões.

A racional que fundamenta a pauta é que o comportamento do terapeuta estará sujeito aos mesmos princípios que explicam o comportamento do cliente. E sob a perspectiva da análise funcional é possível ao terapeuta mudar seu comportamento na condução da sessão, a partir do suporte técnico funcionalmente-orientado provido pela equipe de consultoria.

Identificar erros ou limitações invariavelmente fazem menção à competência do profissional. Profissionais de saúde se valem do seu próprio comportamento como insumo para o trabalho cotidiano. E são exigidos dentro da responsabilidade que lhes compete, socialmente e dentro da esfera jurídica. Como consequência, podem se apresentar sensíveis a críticas feitas por outros profissionais de saúde, mesmo os que compõem a equipe.

---

11 Discursos do falante tomados como ordens, comandos ou pedidos seriam mandos por especificarem um reforçador que será mediado pelo comportamento do ouvinte. O mando é, portanto, um tipo de operante verbal caracterizado pela relação única entre a forma da resposta e o reforçamento característico mediado pelo ouvinte. Os mandos disfarçados são respostas verbais que possuem topografia de tato, mas que estão sob o controle de reforçadores específicos apresentados pelo ouvinte (Skinner, 1957/1992).

A partir dessa constatação, incentivamos uma postura de vulnerabilidade e honestidade clínica de todos os integrantes da equipe durante a reunião. Se é verdade que a vulnerabilidade é pré-requisito para um genuíno encontro terapêutico entre cliente e terapeuta, é igualmente verdade a necessidade dessa mesma postura entre os membros profissionais da equipe de consultoria. Depreende-se a necessidade de que, sob consultoria, exista um esforço contínuo de abertura para a mudança. Partimos do princípio de que se alguém da equipe pede ajuda, esse profissional deverá estar disposto a aceitar essa ajuda.

A motivação para o envolvimento na terapia é produto do sucesso da condução da BA-IACC. Muitas vezes o avanço só acontece a partir do suporte técnico provido pela equipe. Um terapeuta estruturado naturalmente ofertará um atendimento de melhor qualidade, com dados tangíveis de melhora do cliente.

FORMATO GERAL

De modo geral, a consultoria de equipe demanda uma hora e meia de reunião. Ela inicia com uma rápida sinopse dos tópicos abordados no encontro anterior. A seguir, evolui para a formulação da pauta, na qual cada membro traz os assuntos de seu interesse. Após organização dos tópicos da pauta, convém classificá-los como "variáveis do terapeuta" e "variáveis do cliente".

As variáveis do terapeuta, como os seus problemas de comportamento em sessão, entram sempre em primeiro lugar. Aqui serão analisadas as limitações, os erros e as dificuldades na condução dos casos. Priorizamos as variáveis do terapeuta, pois muitas das dificuldades imputadas ao cliente normalmente podem ser esquivas do terapeuta em confrontar suas próprias inadequações em sessão.

As variáveis do cliente são abordadas no tópico seguinte. Nesse ponto, a intervisão tem seu lugar próprio, onde os membros deverão elencar os problemas técnicos apresentados na condução da avaliação e da intervenção.

Encerra-se a consultoria com um rápido resumo comentado do que foi tratado na reunião.

PAPÉIS DOS MEMBROS NA CONSULTORIA

De modo geral, é necessário designar um membro para ser o líder na condução da reunião de consultoria, que organiza e dá voz aos outros membros. À função de líder cabe também mediar eventuais conflitos que possam acontecer durante o encontro.

O outro papel fundamental é de secretariado. O secretário da equipe deverá relembrar a sinopse do encontro anterior, confeccionar a nova pauta do dia, anotar as discussões e os direcionamentos e as soluções dados pela equipe.

Cabe sempre aos membros do grupo trocar de papéis a cada novo encontro.

Capítulo 16

Por que um manual de ativação comportamental de quarta geração?

À exceção da ativação comportamental (BA) criada na década de 1960, as terapias comportamentais contextuais foram formuladas nos Estados Unidos na década de 1980, dentro de um cenário político e econômico que privilegiava o fomento à pesquisa e o consumo das práticas de saúde baseadas em evidência. Os seguros norte-americanos contribuíram de forma expressiva para esse movimento, pois passaram a custear apenas os tratamentos com forte sustentação de efetividade. Dessa forma, os tratamentos com psicofármacos cresceram de importância pela sua rapidez e relativa eficácia em alguns transtornos. Esses seguros, chamados de *Managed Care*, eram planos de pacotes pré-pagos com conjuntos de serviços que poderiam ser selecionados pelo consumidor interessado.

Para conseguir validação empírica no concorrido mercado de saúde norte-americano, a psicologia clínica precisou se adequar à metodologia de pesquisa usada na medicina para a investigação da efetividade de psicofármacos. Dessa forma, os ensaios clínicos randomizados (ECR) foram se tornando também o método de pesquisa de resultado dos sistemas psicossociais de tratamento (Neno, 2005). Provar a eficácia para os mais diversos transtornos passou a ser um desafio para as psicoterapias, interessadas em obter validação social, com consequentes cooptação de recursos para pesquisa e melhor colocação no mercado.

Por priorizarem o credenciamento de tratamentos baseados em evidência, os seguros acabaram segregando algumas modalidades de psicoterapia que notadamente não tinham tradição empírica em dados de pesquisa. Tratamentos de longa duração, e sem evidência de eficácia, foram sendo descredenciados da rede.

Esse movimento teve como consequência a criação da Divisão 12 da Associação Americana de Psicologia, chamada de Society for Clinical Psychology. O objetivo fundamental da criação dessa divisão foi promover a expansão e a sobrevivência das psicoterapias no restritivo mercado de seguros de saúde. Hoje a Divisão 12 tem a missão de representar o campo da psicologia clínica por meio do encorajamento e do suporte na integração da ciência da psicologia clínica com as práticas na educação, pesquisa, aplicação, leis e políticas públicas, atentando para a importância da diversidade.

CLASSES-PROBLEMA ESPECÍFICAS PRODUZEM FALTA DE ESPECIFICIDADE CLÍNICA: COMO OCORRE O ENGESSAMENTO DA AVALIAÇÃO E DA INTERVENÇÃO FUNCIONALMENTE-ORIENTADAS?

As terapias comportamentais de terceira geração não passaram incólumes à pressão dos seguros de saúde. Para conseguir algum nicho próprio de trabalho, teriam que direcionar sua abrangência de atuação. Elas foram então sendo formuladas para o tratamento de classes-problema específicas, em meio a um cenário já amplamente familiar às terapias de orientação cognitivo-comportamental (Neno, 2005). As classes-problema foram fundamentadas em leituras funcionalmente-orientadas de alguns diagnósticos psiquiátricos, como o transtorno de personalidade *borderline* (TPB) e a depressão, ou de problemas de comportamento tidos como transdiagnósticos (comuns a mais de um transtorno), a exemplo da esquiva experiencial e dos problemas de inter-relacionamento.

A classe-problema escolhida pela terapia de aceitação e compromisso (ACT) foi a esquiva experiencial dos clientes. Segundo a ACT, a esquiva experiencial envolve comportamentos com função de fugir ou esquivar pensamentos, imagens, memórias, sentimentos e sensações encobertas aversivas. A ACT deu uma grande ênfase no papel exercido pela linguagem e cognição no sofrimento humano (Hayes et al., 1999). O modelo enfatiza as tentativas do indivíduo de controle dos eventos encobertos aversivos como sendo as principais responsáveis pelos transtornos. Assim, uma agenda de controle rígida dessas experiências contribuiria para o desenvolvimento de um repertório psicológico inflexível.

A psicoterapia analítica funcional (FAP) elegeu como classe-problema o repertório interpessoal inadequado. Dentro dessa perspectiva, o cliente apresentaria em sessão comportamentos-problema funcionalmente equivalentes aos comportamentos da vida social cotidiana (Kohlenberg & Tsai, 1991). Assim, casos como a falta de comportamentos clinicamente vulneráveis em sessão guardariam equivalência funcional com um estilo mais reservado apresentado pelo cliente em outros relacionamentos de sua esfera de convivência.

A classe-problema na terapia comportamental dialética (DBT) foi o déficit de habilidades em clientes *borderline* com problemas da desregulação emocional e experiência de *self* (Linehan, 1993). A DBT deu grande ênfase às intervenções nas crises de suicídio e nos comportamentos autolesivos sem intencionalidade de suicídio.

Por último, a BA focou nas esquivas passivas devido a sua interferência sob a taxa de respostas contingentes ao reforçamento positivo (RCPR). As esquivas passivas contribuiriam para a cronificação dos quadros depressivos (Martell et al., 2001).

Desde que foram criadas, observa-se um grande esforço de expansão da aplicação dessas terapias a outras classes-problema para as quais elas não foram originalmente formuladas. A ACT tem sido aplicada em mais de vinte tipos de problemas, como a psicose, a tricotilomania, o estresse, o TPB, a perda de peso, o abuso de substância, a ansiedade social, o transtorno do pânico, a depressão, o tabagismo, o câncer, o diabete, a agressão, o transtorno obsessivo-compulsivo, somente para citar alguns (Hayes et al., 2006). A DBT foi testada na dependência química (Dimeff & Linehan, 2008), nos transtornos alimentares (Bankoff et al., 2012), no transtorno bipolar (Van Dijk, Jeffrey & Katz, 2013) e no transtorno do estresse pós-traumático (Bohus et al., 2013). A FAP foi aplicada à depressão (Ferro, López & Valero, 2012; Ferro, Valero & Vives, 2000; Kohlenberg & Tsai, 1994; López, Ferro & Valero, 2010; Sousa, 2003), ao TPB (Kohlenberg & Tsai, 2000) e a outros transtornos de personalidade (Callaghan, Summers & Weidman, 2003; Manduchi & Shoendorff, 2012;), ao transtorno do estresse pós-traumático (Kohlenberg & Tsai, 1998b), à dor crônica, (Vandenberghe, Cruz & Ferro, 2003; Vandenberghe & Ferro, 2005; Vandenberghe, Ferro & Cruz, 2003), aos problemas sexuais (Vandenberghe, Nasser & Silva, 2010) e ao transtorno desafiador-opositivo (Vandenberghe & Basso, 2004). A BA tem sido aplicada aos problemas gerais de ansiedade (Hopko, Robertson & Lejuez, 2006), ao transtorno do estresse pós-traumático (Jakupcak et al. 2006.), aos sintomas negativos da esquizofrenia (Mairs et al., 2011) e, é claro, à depressão.

Abreu e Abreu (2017a) sugerem alguns problemas desse tipo da agenda de pesquisa voltada à expansão unidisciplinar da abrangência de atuação. Primeiro, a falta de replicação deveria incentivar parcimônia na aplicação dessas terapias a novos transtornos. É digno de nota afirmar que muitas das pesquisas realizadas nem sequer adotaram o rigoroso escrutínio metodológico de um delineamento de ECR. Em segundo lugar, mesmo sob resultados positivos de efetividade, restaria ainda esperar pela publicação de revisões sistemáticas das metanálises, pois elas seriam o juízo último da qualidade dos delineamentos e do controle experimental das variáveis manipuladas nos ECR. Por último, visto serem terapias funcionalmente-orientadas, uma adaptação precipitada para um novo diagnóstico, ou *cluster de problemas de comportamento*, pode colidir frontalmente com a perspectiva analítico-comportamental, o que leva ao tecnicismo nas aplicações dessas intervenções.

BA-IACC E A QUARTA GERAÇÃO DE TERAPIAS COMPORTAMENTAIS

A quarta geração de terapias comportamentais traz como principal diretriz tornar esses sistemas mais próximos dos repertórios idiográficos dos clientes, diferentemente do que vem ocorrendo na expansão unidisciplinar da terceira geração (Abreu & Abreu, 2017a).

Abreu e Abreu (2017a) propõem como critério fundamental para o exercício de uma terapia de quarta geração a formulação da concepção funcional inicial de caso, sendo essa anterior a designação a qualquer sistema de psicoterapia. Com isso, a maior ênfase seria dada aos repertórios do cliente em contexto, e não mais aos transtornos ou classes-problema engessadas (Callaghan & Darrow, 2015).

Outra solução sugerida pelos autores seria a integração estratégica das terapias comportamentais, ou de seus componentes, para aproximar as intervenções das características únicas dos problemas de comportamento apresentados pelos clientes.

A BA-IACC contempla esses critérios de uma quarta geração de terapias comportamentais, pois prioriza a realização da concepção funcional inicial de caso e uma coerente e, por que não, flexível integração com as terapias comportamentais contextuais (conforme descrito na integração da FAP e da ACT nos Capítulos 9 e 10).

Hoje, adicionamos a esses dois cuidados a realização do diagnóstico diferencial nosológico. Pode causar algum estranhamento em meios comportamentais, mas a questão cabe sim em um lúcido e aprofundado debate.

A BA é uma terapia que foi formulada para o tratamento de uma psicopatologia, a depressão. Quando o terapeuta recebe um cliente em depressão bipolar, acreditando se tratar de uma depressão unipolar, pode incorrer na realização de avaliações e intervenções equivocadas. Isso porque as intervenções comportamentais ficarão enormemente limitadas ao diagnóstico impreciso. O transtorno bipolar não é o somatório de fases de mania e depressão, mas, sim, um fenômeno complexo, envolvendo um contínuo de problemas de humor. E isso se dá desde as medicações que são realmente efetivas! Via de regra os fármacos que deverão ser prescritos como monoterapia na depressão bipolar não são os antidepressivos clássicos, mas, sim, de outra família, os estabilizadores de humor. A prescrição de antidepressivos como os inibidores seletivos de receptação de serotonina, mesmo quando necessários nos episódios de depressão bipolar grave, pode levar à ciclagem para fases de mania ou hipomania (Grunze et al. 2010). Isso sugere bases biológicas distintas e, portanto, relações comportamentais igualmente únicas.

Do ponto de vista da adaptação da BA que será aplicada, as intervenções durante as fases de mania ou hipomania serão diametralmente diferentes das normalmente elencadas na depressão unipolar. O controle de comportamentos impulsivos, por exemplo, precisará ser adicionado ao arsenal terapêutico no tratamento da mania. Afirmar isso é sacramentar a importância única do diagnóstico diferencial para também atender ao caráter idiográfico dos problemas apresentados. O melhor, como sugerimos no capítulo sobre concepção inicial de caso (Capítulo 3), é a intervenção conjugada da psicofarmacologia e da BA-IACC.

Capítulo 17

Ativação comportamental IACC em tempos da Covid-19: atendimento clínico em contextos remotos

Este capítulo destina-se a apresentar uma adaptação do manual BA-IACC para aplicação remota, conforme recomendações das melhores práticas em telepsicologia e telemedicina. Os obstáculos e potenciais do atendimento remoto são discutidos, vistos os desafios na adaptação da BA para aplicação por meio de tecnologias da informação e da comunicação (TICs).

Talvez o desafio mais primordial seja o fato de que, comparativamente com um atendimento presencial, o cliente sob BA *online* perde naturalmente as oportunidades para alguns enfrentamentos envolvidos no processo da terapia, como o compromisso semanal de deslocamento até a clínica, ou a interação dinâmica exigida frente às pessoas e ao terapeuta. Esses comportamentos se constituem como verdadeiros enfrentamentos, fundamentais para o desenvolvimento de um novo repertório.

A aplicação remota da BA-IACC, contudo, justifica-se com populações que residem em locais geograficamente distantes, em que o acesso aos serviços e profissionais de saúde treinados é mais escasso, ou com populações vulneráveis em momentos emergenciais de crise, como nas pandemias e nos desastres naturais.

Analisaremos o caso da doença da Covid-19, causada por uma síndrome respiratória aguda coronavírus 2 (SARS-CoV-2) e transmitida por meio do contato pessoal entre pessoas (He, Deng, & Li, 2020). O objetivo dessa análise será o de auxiliar na caraterização do atendimento de clientes depressivos, e não infectados, por meio da BA-IACC remota, além de apresentar entendimentos úteis aos terapeutas hoje envolvidos na assistência da população sob quarentena.

EFEITOS DA EPIDEMIA DA COVID-19: UM PROBLEMA GLOBAL DE SAÚDE QUE ATINGE DIRETAMENTE INFECTADOS, MAS TAMBÉM NÃO INFECTADOS

É notório que durante uma pandemia, todos os esforços de pesquisa sejam direcionados para a produção de um melhor entendimento dos mecanismos fisiopatológicos da doença, com foco nos riscos patogênicos e biológicos. Objetiva-se com isso a diminuição da contaminação e do número de mortes, a partir da formulação de medidas preventivas úteis e da descoberta de tratamentos efetivos, como remédios e vacinas. É coerente do ponto de vista da sobrevivência direta de nossa espécie, e dos recursos financeiros disponíveis, porém limitado em sua abrangência. Na medida em que os países ao longo do globo são afetados pela doença da Covid-19, outras questões, que vão para além da doença em si, passam a ser levadas em questão. A experiência humana mostra que a epidemia causa impactos marcantes em cearas econômicas, psicossociais e políticas, exigindo esforços e recursos dos sistemas nacionais de saúde pública. Esses impactos exercem marcado efeito sobre a saúde mental e perduram para muito tempo após passada a epidemia, como mostraram as experiências com o HIV, o Ebola, a Zika ou o H1N1 (Tucci et al., 2017). Nesse sentido, muitos têm sido os desafios.

Curiosamente, até o presente momento, as únicas medidas disponíveis de enfrentamento da Covid-19 são a quarentena efetiva e o isolamento social (Bedfort et al., 2020) e essas intervenções se encontram dentro da esfera comportamental. O isolamento social, em especial, é tido como a prática de enfrentamento mais efetiva, não porque indiscutivelmente impeça que as pessoas entrem em contato com o vírus, mas porque tem como efeito o atraso no número de contaminações, diminuindo com isso a procura e o colapso dos serviços de saúde.

As consequências da quarentena são inúmeras. Elas provocam a desorganização da economia e das finanças familiares, a dificuldade de acesso a serviços e insumos, o afastamento social de familiares e amigos, a preocupação com os familiares contaminados (muitos pertencentes aos grupos de risco), a insegurança advinda do bombardeio de notícias catastróficas, somente para citar algumas.

Todas essas consequências que incidem sobre o comportamento humano, e que causam sofrimento psicológico, podem ser classificadas como fatores psicossociais – um termo mais ubíquo em saúde mental. E sob o prisma de análise funcional entendemos que são contingências aversivas por diminuírem a taxa de respostas contingentes ao reforçamento positivo (RCPR). Elas podem levar a pessoa a desenvolver episódios de ansiedade e depressão, além de outros transtornos. Recentemente Wang, Pan, Wan, Tan, Xu, et al. (2020) estudaram os problemas psicológicos em uma população chinesa ainda nos estágios iniciais da pandemia da Covid-19. Foram encontrados impactos psicológicos imediatos, como o aumento dos sintomas de ansiedade, depressão e percepção de estresse. Dos 1.210 participantes respondentes da amostra, 16,5% apresentaram sintomas depressivos de moderado a severo, 28,8% sintomas de ansiedade de moderado a severo, e 8,1% estresse de moderado a severo. Três quartos relataram preocupação significativa com familiares acometidos pela Covid-19.

Nesse contexto, o atendimento remoto tem sido uma modalidade decisiva na assistência aos clientes em quarentena. Na Covid-19, essa demanda se tornou mais urgente em decorrência das necessidades de isolamento social, dado que o contágio ocorra presencialmente, de forma rápida e em larga escala (He et al., 2020). O The National Health Commission of China publicou recomendações apresentando os princípios das intervenções psicológicas e como estabelecer linhas diretas de assistência (National Health Commission of China, 2020). Profissionais médicos e o público em geral puderam ter acesso à educação *online* em saúde mental, alguns programas de inteligência artificial (AI), serviços de aconselhamento, livros contendo intervenções psicológicas no formato de autoajuda e ainda terapia cognitivo-comportamental *online* para depressão, ansiedade e insônia (Liu, Yang, Zhang, Xiang, Liu, et al., 2020).

MODALIDADES DISPONÍVEIS DE ATENDIMENTO REMOTO EM ATIVAÇÃO COMPORTAMENTAL E SEUS DESENCONTROS COM OS DESAFIOS APRESENTADOS PELA COVID-19

Historicamente, a BA apresentou versões para aplicação remota desde a sua formulação. É curioso o fato de que uma das primeiras versões da BA na década de 1970 tenha sido um livro de autoajuda, intitulado *Control your depression* (Lewinsohn et al. 1992). Já na época, o objetivo dos autores foi atingir um público mais amplo.

Atualmente, a modalidade mais popular investigada na maior parte dos estudos são os aplicativos. Um exemplo é uma adaptação da Ativação Comportamental Breve no Tratamento da Depressão (BADT; Lejuez et al., 2001) para uma versão móvel (Dahne, et al., 2017). O Moodivate, como vem sendo chamado, é um *Mobile health* (mHealth), para ser usado em telefones celulares e *tablets*. Coerente com a BATD, ele traz como componentes a psicoeducação sobre a depressão e o modelo comportamental, o gerenciamento das atividades e estados de humor a partir da agenda diária, e a proposta de atividades reforçadoras guiada por valores. Outras adaptações vêm sendo organizadas nessa esteira, como a aplicação da BA no tratamento de fumantes com depressão (Heffner et al., 2019), também com base no Inventário de Valores, ou mesmo baseado em uma lista contendo um número fixo de atividades potencialmente reforçadoras (Lyet al., 2014). Um recente estudo, comparando a modalidade BA via aplicativo e mais 4 sessões presenciais *versus* a modalidade presencial *full*, encontrou resultados que ainda não permitem afirmar qualquer superioridade do aplicativo (Ly et al., 2015).

Em comum, as adaptações da BA para aplicativos trazem uma limitação enorme no que diz respeito, não somente, a aderência, motivação ou familiaridade com o uso da tecnologia.

Primeiro porque essas adaptações não trazem grande envolvimento do outro, ou seja, prescindem do contato síncrono face a face da pessoa de um terapeuta. Via de regra, o papel limitado reservado para interação são *e-mails* ou mensagens isoladas com conotação motivacional. É crítico o fato de ter sido descartado, portanto, esse componente terapêutico historicamente apontado como variável relevante nos desfechos positivos da psicoterapia (Fernandes, Popovitz, & Silveira, 2013). Causa um estranhamento ainda maior o fato de que na depressão o isolamento social seja um fator potencializador de perda de reforçadores positivos. Se pensarmos nos desafios adicionais da quarentena, dentro do contexto de uma epidemia, seria até mesmo desaconselhável adicionar mais esse isolamento na vida do cliente em depressão. Ele já tem muitos.

O segundo problema que encontramos nesses aplicativos é que eles foram formulados sob a perspectiva de uma BA centrada no aumento da frequência de desempenhos simples, seja com a sugestão direta de um número fixo de atividades (uma herança da Agenda de Eventos Prazerosos de Lewinsohn), seja a partir do uso do Inventário de Valores. Chamamos até aqui esse componente da BA de ativação simples, ou enriquecimento de agenda[12].

Em um contexto de epidemia, como a da Covid-19, muitos dos fatores que podem levar a intensificação da gravidade do episódio depressivo atual, ou ao desenvolvimento do transtorno, são os problemas complexos relacionados ao enfrentamento do controle aversivo que interfere na RCPR. De nada adiantaria, portanto, aumentar as atividades simples, como o engajamento em conversas com amigos ao telefone, prática *online* guiada de atividades físicas ou mesmo o entretenimento com filmes e séries, se o que impacta o cliente é a falta de dinheiro após o desemprego, ou a preocupação com a saúde de um ente querido que foi contaminado. Questões de sobrevivência se tornam mais proeminentes e exigem o desenvolvimento de um repertório de enfrentamento muito mais complexo.

---

12 Acreditamos que a adoção das atividades valoradas trazem uma maior chance do cliente abordar os contextos aversivos. Um valor familiar como "cuidar dos meus pais" pode controlar comportamentos de cuidado, sendo esses desafiadores para o cliente, pelos diversos obstáculos que envolvem. Contudo, não podemos apostar nesse direcionamento natural, ou disposição para a mudança do cliente. Os controles aversivos terão necessariamente, e deliberadamente, que serem analisados funcionalmente pelo terapeuta BA-IACC.

A resolução desses problemas se torna estrategicamente importante, sendo fundamental para que o cliente consiga mesmo sair do quadro de anedonia e desamparo em que se encontra.

Punição, incontrolabilidade de eventos aversivos e extinção operante definem extensa parte dos controles aversivos que necessitarão ser analisados em ordem do terapeuta aplicar as intervenções de nosso manual que se farão clinicamente úteis. Abordamos com profundidade esses contextos aversivos no manual BA-IACC (Capítulos 8, 11 e 12).

Na epidemia, vemos punição acontecendo a todo instante em medidas governamentais e empresariais austeras que incidem sobre o comportamento do cidadão, seja ele pobre ou rico. Vemos conflitos interpessoais na família enclausurada em quarentena, em que antigos problemas acabam se acentuando com a convivência estendida tão próxima. Vemos incontrolabilidade nos mecanismos de contágio e no acometimento de membros familiares, no anúncio da morte eminente que ocorre muitas vezes de forma inevitável. Vemos extinção operante no luto de pessoas que choram seus entes que se foram, ou mesmo nas atividades de lazer e/ou trabalho agora distantes. Encontramos desorganização do sono, desespero e infelizmente, suicídio (Maunder et al., 2003; Xiang et al., 2020). Entendemos que fazer enriquecimento simples de agenda seja um componente importante, porém coadjuvante em uma proposta de BA que se diga séria e consistente com o enfretamento desses desafios.

CUIDADOS TÉCNICOS E ÉTICOS DA BA-IACC PARA A APLICAÇÃO EM TELEPSICOLOGIA E TELEMEDICINA

Telepsicologia e telemedicina são o uso da tecnologia para ofertar serviços de psicologia e medicina a distância (p. ex., videoconferência interativa, texto, *e-mail*, telefone, serviços *web*, aplicativos móveis). Elas abordam a prática clínica mediada, mas não de maneira excludente, além de outros serviços, como aconselhamento, supervisão, dentre outros.

A Associação Americana de Psicologia (APA) publicou recomendações que são adotadas pela BA-IACC no uso da telepsicologia. Adotamos para consulta rápida e organizada o *Checklist* do Escritório e da Tecnologia para Serviços de Telepsicologia (Apêndice 7).

Os grandes pilares do *Guidelines for the Practice of Telepsychology* (Joint Task Force for the Development of Telepsychology Guidelines for Psychologists, 2013) são (1) alertar o cliente para os riscos associados ao uso da telepsicologia, como a possibilidade de invasão e acesso dos dados sigilosos, e a (2) importância do conhecimento da tecnologia que será adotada.

Basicamente, a possibilidade de ter os dados violados ocorre em diferentes níveis do processamento dos dados, do *hardware* ao *software*, passando por problemas advindos das plataformas digitais disponíveis, transmissão pela internet, além da qualidade dos repositórios de banco de dados, físicos ou em nuvem, em que ficarão armazenadas as informações.

Em sintonia com a APA recomendamos que, caso possível, uma primeira consulta presencial seja feita com o objetivo de esclarecer e caracterizar para o cliente o atendimento *online*, além de apresentar o termo de consentimento livre e esclarecido (Anexo 3). Interessante que seja sempre contraposto características do atendimento presencial *versus* o atendimento remoto na explicação das diferenças fundamentais entre as modalidades. Nessa sessão também recomendamos que questões práticas sejam investigadas durante a entrevista, como a adequação do local de acesso do cliente, a motivação para o tratamento remoto, a garantia de privacidade e a tecnologia que o cliente dispõe para os atendimentos (p. ex., conexão de internet). É fundamental que o terapeuta se certifique de que o cliente tem habilidades para uso da tecnologia e, para a explicação, o terapeuta deverá apresentar domínio das ferramentas e processos digitais.

Outro cuidado que o terapeuta deverá apresentar é o conhecimento do sistema de saúde da região em que o cliente reside, no sentido de poder encaminhá-lo, em caso de urgência, para os serviços hospitalares e profissionais de saúde competentes. Dessa forma, uma tentativa de suicídio, por exemplo, teria como ser adequadamente socorrida.

Incentivamos que o Plano Geral para Crises (PGC-IACC; Capítulo 13) seja preenchido logo nessa primeira sessão presencial em casos de clientes com histórico de tentativa ou risco de suicídio. Nele o cliente prestará também informações comportamentalmente orientadas sobre as situações gatilho para as ideações e tentativas de suicídio e os comportamentos envolvidos na crise. As circunstâncias que o tornam mais vulnerável também deverão ser informadas, além das coisas que o cliente pode fazer como resposta à crise.

Outras questões também relevantes, acessadas a partir das diretrizes da APA, dizem respeito a atentar para uma prática clínica que respeita criteriosamente o código de ética profissional. A esse critério podemos mesclar a necessidade do acompanhamento da regulamentação profissional para atendimento *online* da região da qual, e para qual, é oferecido o atendimento remoto. Nesse sentido, as regras para atendimento *online* da jurisdição de onde o terapeuta se encontra, e de onde o cliente se encontra, deverão ser respeitadas.

Se o terapeuta e o cliente se encontrarem nos estados brasileiros ou no Distrito Federal, deverão então ser respeitadas as diretrizes do Conselho Federal de Psicologia (CFP), no caso de terapeuta psicólogo, ou do Conselho Federal de Medicina (CFM), no caso de terapeuta médico psiquiatra.

No caso de psicólogo, as recomendações da APA deverão ser complementares e consoantes com as diretrizes para a prática profissional, regulamentadas pelo Conselho Federal de Psicologia (CFP) em seu Código de Ética Profissional (Resolução CFP n. 10, de 21 de julho de 2005). Nesse sentido, os atendimentos *online* devem estar de acordo com a Resolução CFP n. 11/2018, que dispõe sobre a prestação de serviços psicológicos realizados por meio de tecnologias da informação e da comunicação (TICs). Atualmente, é necessário o cadastramento do profissional no banco de dados dos conselhos regionais. Basicamente, a Resolução CFP n. 11/2018 exige a necessidade prévia desse cadastro, e a prática profissional observando a rígida égide do código de ética da profissão de psicólogo. Ela proscreve, contudo, como estado de exceção, o atendimento *online* em situação de urgência e emergência.

No caso de terapeuta médico psiquiatra, deverão ser respeitadas a Resolução CFM n. 1.627/2001, que define e regulamenta o Ato Médico, e a Resolução CFM n. 1.643/2002, que dispõe sobro uso da telemedicina. Dentro da psiquiatria, a telemedicina é chamada de telepsiquiatria. Ela abrange a teleorientação, o telemonitoramento, a teleinterconsulta e a teleconsulta. Basicamente para o exercício da telepsiquiatria exige-se a inscrição do profissional interessado em lista nos conselhos regionais, e o cumprimento das práticas terapêuticas também sob o escrutínio do Código de Ética Médica, conforme Resolução CFM n. 2.217/2018.

Apêndice 1

INVENTÁRIO DE DEPRESSÃO DE BECK II

Nome: ____

Idade: _______ Estado civil: _____________ Profissão: ________________

Escolaridade: ________ Data de aplicação: ____________ Pontuação: ______

INSTRUÇÕES

Neste questionário existem grupos de afirmações. Por favor, leia cuidadosamente cada uma delas. Em seguida, selecione a afirmação, em cada grupo, que melhor descreve como se sentiu NA SEMANA QUE PASSOU, INCLUINDO O DIA DE HOJE. Desenhe um círculo em torno do número ao lado da afirmação selecionada. Se escolher dentro de cada grupo várias afirmações, faça um círculo em cada uma delas. Certifique-se de que leu todas as afirmações de cada grupo antes de fazer a sua escolha.

1.
0 Não me sinto triste.
1 Sinto-me triste.
2 Sinto-me triste o tempo todo e não consigo evitá-lo.
3 Estou tão triste ou infeliz que não consigo suportar.

2.
0 Não estou particularmente desencorajado em relação ao futuro.
1 Sinto-me desencorajado em relação ao futuro.
2 Sinto que não tenho nada a esperar.
3 Sinto que o futuro é sem esperança e que as coisas não podem melhorar.

3.
0 Não me sinto fracassado.
1 Sinto que falhei mais do que uma pessoa comum.
2 Quando analiso minha vida passada, tudo o que posso ver é um monte de fracassos.
3 Sinto que sou um completo fracasso.

4.
0. Eu tenho tanta satisfação nas coisas, como antes.
1 Não tenho satisfações com as coisas como costumava ter.
2 Não encontro satisfação real em mais nada.
3 Estou insatisfeito ou entediado com tudo.

5.
0 Não me sinto especialmente culpado.
1 Sinto-me culpado grande parte do tempo.
2 Sinto-me bastante culpado a maior parte do tempo.
3 Sinto-me culpado durante o tempo todo.

6.
0 Não sinto que esteja sendo punido.
1 Sinto que posso ser punido.
2 Sinto que mereço ser punido.
3 Sinto que estou sendo punido.

7.
0 Não me sinto desapontado comigo mesmo.
1 Estou desapontado comigo mesmo.
2 Estou enojado de mim.
3 Eu me odeio.

8.
0 Não me sinto que seja pior que qualquer outra pessoa.
1 Critico-me pelas minhas fraquezas ou erros.
2 Culpo-me constantemente pelas minhas faltas.
3 Culpo-me de todas as coisas más que acontecem.

9.
0 Não tenho qualquer ideia de me matar.
1 Tenho ideias de me matar, mas não as executaria.
2 Gostaria de me matar.
3 Eu me mataria se tivesse oportunidade.

10.
0 Não costumo chorar mais do que o habitual.
1 Choro mais agora do que costumava fazer.

2 Atualmente, choro o tempo todo.
3 Eu costumava conseguir chorar, mas agora não consigo, ainda que queira.

11.
0. Não me irrito mais do que costumava.
1 Fico aborrecido ou irritado mais facilmente do que costumava.
2 Atualmente, sinto-me permanentemente irritado.
3 Já não consigo ficar irritado com as coisas que antes me irritavam.

12.
0 Não perdi o interesse pelas outras pessoas.
1 Interesso-me menos do que costumava pelas outras pessoas.
2 Perdi a maior parte do meu interesse pelas outras pessoas.
3 Perdi todo o meu interesse pelas outras pessoas.

13.
0 Tomo decisões como antes.
1 Adio as minhas decisões mais do que costumava.
2 Tenho mais dificuldade em tomar decisões do que antes.
3 Já não consigo tomar qualquer decisão.

14.
0 Não sinto que minha aparência seja pior do que costumava ser.
1 Preocupo-me porque estou parecendo velho ou sem atrativo.
2 Sinto que há mudanças permanentes na minha aparência que me fazem parecer sem atrativo.
3 Considero-me feio.

15.
0 Sou capaz de trabalhar tão bem como antes.
1 Preciso de um esforço extra para começar qualquer coisa.
2 Tenho que me forçar muito para fazer qualquer coisa.
3 Não consigo fazer qualquer trabalho.

16.
0 Durmo tão bem como habitualmente.
1 Não durmo tão bem como costumava.
2 Acordo 1 ou 2 horas antes que o habitual e tenho dificuldade em voltar a dormir.
3 Acordo várias vezes mais cedo do que costumava e não consigo voltar a dormir.

17.
0 Não fico mais cansado do que o habitual
1 Fico cansado e com mais dificuldade do que antes.
2 Fico cansado ao fazer quase tudo.
3 Estou muito cansado para fazer qualquer coisa.

18.
0 Meu apetite é o mesmo de sempre.
1 Não tenho tanto apetite como costumava ter.
2 Meu apetite, agora, está muito pior.
3 Perdi completamente o apetite.

19.
0 Não perdi muito peso, se é que perdi algum recentemente.
1 Perdi mais de 2 quilos.
2 Perdi mais de 5 quilos
3 Perdi mais de 7 quilos.

Estou tentando perder peso de propósito, comendo menos.
Sim ____ Não ____

20.
0 A minha saúde não me preocupa mais do que o habitual.
1 Preocupo-me com problemas físicos, como dores, indisposição do estômago ou constipação.
2 Estou muito preocupado com problemas físicos e é difícil pensar em outra coisa.
3 Estou tão preocupado com os meus problemas físicos que não consigo pensar em qualquer outra coisa.

21.
0 Não tenho observado qualquer alteração recente no meu interesse sexual.
1 Estou menos interessado na vida sexual do que costumava.
2 Sinto-me, atualmente, muito menos interessado pela vida sexual.
3 Perdi completamente o interesse na vida sexual.

Total: ______Classificação: ____

Fonte: Beck, A. T., Steer, R. A., Brown, G. K. (1996). *Manual for the Beck Depression Inventory-II*. San Antonio, TX: Psychological Corporation.

Apêndice 2

ESCALA DE OBSERVAÇÃO DE RECOMPENSAS AMBIENTAIS (EROS)

Com relação aos últimos meses, por favor, numere cada um dos itens abaixo usando a escala listada, anotando sua resposta no espaço à direita.

Escala: 1 – Discordo totalmente 2 – Discordo 3 – Concordo 4 – Concordo totalmente	T
1. Muitas atividades na minha vida são prazerosas	
2. Eu me dei conta de que muitas experiências me fazem infeliz	R
3. Em geral eu estou muito satisfeito com a maneira com que passo o meu tempo	
4. É muito fácil para mim encontrar prazer na minha vida	
5. Parece que outras pessoas têm vidas mais produtivas	R
6. Atividades que costumavam ser prazerosas já não são mais gratificantes	R
7. Eu gostaria de achar mais hobbies que trariam um senso de prazer	R
8. Eu estou satisfeito com as minhas realizações	
9. Minha vida é chata	R
10. As atividades em que eu me engajei normalmente tiveram consequências positivas	
Total	

Fonte: Armento, M., & Hopko, D. (2007). The Environmental Reward Observation Scale (EROS): Development, validity, and reliability. *Behavior Therapy*, 38, p. 107-119.

Apêndice 3

ESCALA DE DEPRESSÃO PARA ATIVAÇÃO COMPORTAMENTAL (BADS)

Por favor, leia os itens cuidadosamente e então circule o número que melhor descreve o quanto a afirmação foi verdadeira para você durante na última semana, incluindo o dia de hoje.

0 – Discordo totalmente 1 – 2 – Discordo 3 – Indiferente 4 – Concordo 5 – 6 – Concordo totalmente								Para fins de contagem somente				
	0	**1**	**2**	**3**	**4**	**5**	**6**	**AT**	**ER**	**ET**	**PS**	**T**
1. Eu fiquei na cama por muito tempo mesmo tendo coisas para fazer.	○	○	○	○	○	○	○			–		R
2. Há certas coisas que eu tinha que fazer e não consegui.	○	○	○	○	○	○	○			–		R
3. Eu estou contente com a quantidade e tipos de coisas que fiz.	○	○	○	○	○	○	○	–				–
4. Eu estive engajado em um amplo e variado conjunto de atividades	○	○	○	○	○	○	○	–				–
5. Eu tomei boas decisões sobre as atividades e/ou situações em que me engajei.	○	○	○	○	○	○	○	–				–
6. Eu sou ativo, mas não consegui atingir nenhuma das minhas metas do dia.	○	○	○	○	○	○	○			–		R
7. Eu sou uma pessoa ativa e consegui atingir as metas que havia estabelecido.	○	○	○	○	○	○	○	–				–
8. O que mais fiz foi fugir ou esquivar de alguma coisa desagradável.	○	○	○	○	○	○	○		–			R

(continua)

0 – Discordo totalmente 1 – 2 – Discordo 3 – Indiferente 4 – Concordo 5 – 6 – Concordo totalmente								Para fins de contagem somente				
	0	**1**	**2**	**3**	**4**	**5**	**6**	**AT**	**ER**	**ET**	**PS**	**T**
9. Eu fiz coisas para evitar sentimentos de tristeza ou emoções dolorosas.	○	○	○	○	○	○	○		_			R
10. Eu tentei não pensar sobre certas coisas.	○	○	○	○	○	○	○		_			R
11. Eu fiz as coisas mesmo sendo difíceis porque elas se enquadram nas minhas metas de longo prazo.	○	○	○	○	○	○	○	_				_
12. Eu fiz coisas que são difíceis de serem feitas porque valeram a pena.	○	○	○	○	○	○	○	_				_
13. Eu perdi muito tempo pensando repetidamente sobre meus problemas.	○	○	○	○	○	○	○		_			R
14. Eu fiquei tentando pensar em maneiras de resolver um problema, mas nunca tentei executar qualquer solução.	○	○	○	○	○	○	○		_			R
15. Eu frequentemente perdi muito tempo pensando no meu passado, nas pessoas que me fizeram sofrer, nos erros que eu cometi, e em outras coisas ruins da minha história.	○	○	○	○	○	○	○		_			R
16. Eu não vi qualquer um dos meus amigos.	○	○	○	○	○	○	○				_	R
17. Eu estive evitativo e quieto, mesmo com as pessoas que conheço.	○	○	○	○	○	○	○				_	R
18. Eu não fui uma pessoa social, mesmo quando tive oportunidades.	○	○	○	○	○	○	○				_	R
19. Eu afastei as pessoas com a minha negatividade.	○	○	○	○	○	○	○				_	R
20. Eu fiz coisas para me desligar das outras pessoas.	○	○	○	○	○	○	○				_	R

(continua)

0 – Discordo totalmente 1 – 2 – Discordo 3 – Indiferente 4 – Concordo 5 – 6 – Concordo totalmente	0	1	2	3	4	5	6	Para fins de contagem somente AT	ER	ET	PS	T
21. Eu fiquei um tempo fora do trabalho/escola/ tarefas domésticas/ responsabilidades simplesmente porque estava muito cansado ou porque não me senti engajado.	○	○	○	○	○	○	○			_		R
22. Meu trabalho/escola/ tarefas domésticas/ responsabilidades ficaram prejudicados porque eu não estive ativo como normalmente sou.	○	○	○	○	○	○	○			_		R
23. Eu estruturei minhas atividades diárias.	○	○	○	○	○	○	○	_				_
24. Eu somente me engajei em atividades que me distraíram de me sentir mal.	○	○	○	○	○	○	○		_			R
25. Eu comecei a me sentir mal quando outros ao meu redor expressaram sentimentos ou experiências negativas.	○	○	○	○	○	○	○		_			R

Total das subescalas: __________

BAS Total: __________

AT: subescala de "ativação"; ER: subescala de "esquiva e ruminação"; ET: subescala de "prejuízo na escola e trabalho"; PS: subescala de "prejuízo social"; T: escore total.

Fonte: Kanter, J. W. et al. (2009). Validation of the Behavioral Activation for Depression Scale (BADS) in a community sample with elevated depressive symptoms. *Journal of Psychopathology and Behavioral Assessment*, v. 31, p. 36-42.

Kanter, J. W. et al. (2006). The Behavioral Activation for Depression Scale (BADS): psychometric properties and factor structure. *Journal of Psychopathology and Behavioral Assessment*, v. 29, p. 191-202.

Apêndice 4

ESCALA DE DEPRESSÃO PARA ATIVAÇÃO COMPORTAMENTAL - FORMULÁRIO BREVE (BADS-SF)

Por favor, leia os itens cuidadosamente e então circule o número que melhor descreve o quanto a afirmação foi verdadeira para você durante na última semana, incluindo o dia de hoje.

0 - Discordo totalmente 1 - 2 - Discordo 3 - Indiferente 4 - Concordo 5 - 6 - Concordo totalmente	0	1	2	3	4	5	6	AT	E	T
1. Há certas coisas que eu tinha que fazer e não consegui.	○	○	○	○	○	○	○	R		R
2. Eu estou contente com a quantidade e tipos de coisas que fiz.	○	○	○	○	○	○	○	_		_
3. Eu estive engajado em um amplo e variado conjunto de atividades.	○	○	○	○	○	○	○	_		_
4. Eu tomei boas decisões sobre as atividades e/ou situações em que me engajei.	○	○	○	○	○	○	○	_		_
5. Eu sou uma pessoa ativa e consegui atingir as metas que havia estabelecido.	○	○	○	○	○	○	○	_		_
6. O que mais fiz foi fugir ou esquivar de alguma coisa desagradável.	○	○	○	○	○	○	○		_	R
7. Eu perdi muito tempo pensando repetidamente sobre meus problemas.	○	○	○	○	○	○	○		_	R
8. Eu me engajei em atividades que me distraíram de me sentir mal.	○	○	○	○	○	○	○		_	R
9. Eu fiz coisas que eram agradáveis.	○	○	○	○	○	○	○	_		_

Total: __________

AT: subescala de ativação E: subescala de esquiva; T: escore total

Fonte: Manos, R. C., Kanter, J. W., Luo, W. (2011). The Behavioral Activation for Depression Scale-Short Form: development and validation. *Behavior Therapy*, v. 42, p. 726-739.

Apêndice 5

ÍNDICE DE PROBABILIDADE DE RECOMPENSA (RPI)

Pense nos últimos meses e numere cada um dos itens abaixo usando a escala listada, anotando sua resposta no espaço à direita.

Escala: 1 - Discordo totalmente 2 - Discordo 3 - Concordo 4 - Concordo totalmente	T
1. Eu tenho muitos interesses que me dão prazer	
2. Eu aproveito a maioria das oportunidades que estão disponíveis para mim	
3. Meus comportamentos frequentemente têm consequências negativas	R
4. Eu faço amigos facilmente	
5. Existem muitas atividades que eu acho satisfatórias	
6. Eu me considero uma pessoa com muitas habilidades	
7. Coisas acontecem que fazem me sentir desesperanço ou inadequado	R
8. Eu sinto um forte senso de realização	
9. Mudanças aconteceram na minha vida e tornaram difícil para mim encontrar diversão	R
10. É fácil encontrar boas maneiras de passar o meu tempo	
11. Eu tenho as habilidades para obter prazer na vida	
12. Eu tenho poucos recursos financeiros, o que limita as coisas que eu posso fazer	R
13. Eu tenho tido muitas experiências desagradáveis	R
14. Parece que as coisas ruins sempre acontecem comigo	R
15. Eu tenho boas habilidades sociais	
16. Eu frequentemente me machuco com os outros	R
17. Pessoas são maldosas e agressivas comigo	R
18. Eu fui muito capaz nos trabalhos que já tive	
19. Eu gostaria de encontrar um lugar para viver que traria mais satisfação para minha vida	R
20. Eu tenho muitas oportunidades de socializar com as pessoas	
Total	

Fonte: Carvalho, J. P., et al. (2011). The Reward Probability Index: design and validation of a scale measuring access to environmental reward. *Behavior Therapy*, v. 42, n. 2, p. 249-262.

Apêndice 6

RACIONAL DA BA

Depressão é um problema que pode ser um círculo vicioso para muitas pessoas. Você pode estar experienciando a depressão pela primeira vez ou pode já estar experienciando-a há muitos anos. A depressão pode ser sentida como se você tivesse uma doença.

Terapia de ativação para a depressão: começando a terapia de ativação para a depressão

Depressão é um problema que pode ser um círculo vicioso para muitas pessoas. Você pode estar experienciando a depressão pela primeira vez ou pode já estar experienciando-a há muitos anos. A depressão pode ser sentida como se você tivesse uma doença. Os sintomas da depressão são: sentir-se "lento" mentalmente e fisicamente, ficar cansado com facilidade, ter sentimentos de culpa e autorreprovação, tristeza. À medida que você se sente depressivo, você faz menos e menos e culpa a si mesmo por estar agindo dessa maneira. Como se torna mais difícil fazer as coisas, você se torna mais e mais depressivo.

Ainda que a depressão tenha sido chamada de a "gripe" dos problemas psicológicos, é importante frisar que sua depressão não é o resultado de algum defeito pessoal ou um processo de uma doença mental. A depressão é frequentemente um sinal de que alguma coisa deve ser mudada em sua vida. A maioria das pessoas consegue reconhecer alguns incidentes ou uma série de incidentes que foram o gatilho para o surgimento de sua depressão. Alguns incidentes são relacionados à perda de um amor próximo, à perda de um sonho, poucas conquistas, dificuldades diárias que parecem irremediáveis e dificuldades de relacionamento. Quando as pessoas ficam depressivas, ao invés de mudar as situações que poderiam levá-las a se sentir melhor, tentam "sumir" e evitar o mundo. Gradualmente a depressão se torna pior e não somente os problemas situacionais, mas a própria depressão em si passa a se tornar um problema. É nesse ponto que muitas pessoas entram em terapia.

Enfrentando o problema

Alguns diferentes tratamentos para a depressão vêm sendo desenvolvidos. Um tratamento efetivo é chamado de Ativação Comportamental. Com seu terapeuta você vai trabalhar para quebrar o ciclo da depressão por meio do engajamento em atividades que melhorarão sua produtividade e seu humor. Contudo, você não vai se engajar em qualquer atividade. Seu terapeuta irá ajudá-lo a identificar e a perseguir as circunstâncias que têm relação com a sua depressão: ações em sua vida que você parou de ter desde que se tornou depressivo mas gostaria de se envolver novamente, ações que você teve para evitar o mundo e os outros ao seu redor, as principais situações que você gostaria de mudar com o objetivo de viver uma vida mais produtiva. Seu terapeuta, em comum acordo, trabalhará guiando suas atividades em direção a objetivos específicos que irão ajudá-lo a enfrentar sua depressão e a viver uma vida mais satisfatória. Não é possível mudar as situações em sua vida que o levaram à depressão sem primeiramente interromper o processo de evitação e inatividade em que você caiu desde que começou a se sentir depressivo. Você pode quebrar o ciclo da depressão por meio da atividade guiada.

Atividade é mais do que "apenas faça isso", de acordo com o senso comum corrente. Quando as pessoas se sentem deprimidas, fazer as coisas que manteriam a vida correndo bem soa como algo difícil, se não impossível. Por isso, é bom ter um "treinador" ou um "guia" na pessoa do seu terapeuta. As atividades que são significativas para você e para sua vida é o que é importante. Por exemplo, uma pessoa pode gostar de viver em um ambiente limpo, mas sente-se muito deprimida para lavar a louça. Se lavar os pratos, não importando como ela se sente, ainda se sentirá triste, mas terá tido uma importante melhora porque sua casa estará limpa. De outra forma, uma pessoa que tem um chefe rígido que estipula demandas nada razoáveis pode se omitir e não defender suas ideias. Promover a assertividade em relação ao chefe pode ser uma atividade que a beneficiará. As atividades na Ativação Comportamental são variadas e seu terapeuta irá ajudá-lo a encontrar as atividades certas que têm chance de auxiliar a aliviar a depressão ou fazer você se sentir com mais controle sobre a sua vida.

As vantagens de se tornar ativo, a despeito dos sentimentos depressivos, são claras.

Atividades guiadas podem levar à melhora de humor. Ativando você mesmo, não importando a depressão, pode lhe dar um senso de controle sobre sua vida. Você pode achar que algumas atividades são agradáveis se tentá-las, mesmo se inicialmente tiver achado que nada poderia trazer satisfação. Mesmo aquelas atividades que não são agradáveis podem lhe dar um senso de conquista de algo que valeu a pena.

Atividades guiadas podem quebrar o ciclo da fadiga. Frequentemente, quando as pessoas estão deprimidas elas se sentem cansadas e esgotadas. Esta pode ser uma maneira de evitar o mundo. Paradoxalmente, ficar na cama e tirar "um sono extra" frequentemente resultam em um maior cansaço. Atividades guiadas, ainda que você se sinta bastante cansado, podem fazer você se sentir "energizado" e "renovado". Esse é um efeito oposto a quando você está depressivo e se sente cansado por outra razão. Por exemplo, quando se está depressivo, se você se engajar em atividades como os afazeres domésticos, poderá finalizar se sentindo bem pela tarefa cumprida e "energizado" para as outras atividades. Por outro lado, se não está depressivo, mas esteve trabalhando por muitas horas, necessitando tirar um tempo livre, iniciar um serviço doméstico o deixará mais cansado, pois seu corpo estará lhe dizendo que precisa descansar. Quando se está depressivo, mesmo quando seu corpo lhe diz que precisa descansar, você precisa se ativar.

Atividades guiadas podem levá-lo a se sentir motivado. Muitas pessoas que estão depressivas pensam que "apenas precisam se tornar mais motivadas", mas os sintomas da depressão bloqueiam essa motivação. Portanto, se a pessoa espera se tornar motivada, ela espera em vão. Ironicamente, o engajamento em atividade, mesmo quando você se sente desmotivado em fazê-lo, pode lhe tornar motivado. Nós chamamos esse trabalho de "de-fora-para-dentro". Em outras palavras, você não espera se sentir como se estivesse fazendo algo antes de fazê-lo, ao contrário, você se engaja em uma atividade porque tem um compromisso.

O engajamento em uma atividade quando se está depressivo não é fácil. Pode ser difícil para você organizar seu tempo adequadamente ou se envolver em atividades de que normalmente gosta. Algumas vezes uma atividade se torna tão difícil quando se está depressivo que até as coisas básicas se tornam difíceis. Seu terapeuta entende isso e irá trabalhar para ajudá-lo a reconhecer as coisas que o colocam em direção à ativação, ajudando-o a contornar os obstáculos.

O tratamento irá ajudar a contornar os problemas que inibem sua atividade produtiva. Você irá aprender como monitorar sua vida, a olhar para as atividades diárias como se fosse um "rico tapete". Você irá aprender como certos sentimentos estão entrelaçados a certas atividades. Irá aprender como aumentar as atividades que o deixam se sentindo melhor. Atividades orientadas para a melhoria da qualidade de vida farão você se sentir menos depressivo porque lhe trarão mais satisfação, ou porque simplesmente você se sentirá mais produtivo e no controle das coisas. Seu terapeuta irá ensiná-lo como planejar as atividades, como reconhecer as barreiras que inibem a atividade produtiva e como incorporar novas atividades na rotina de modo que elas venham a se tornar novos hábitos que melhorarão a qualidade de vida. Seu terapeuta irá orientá-lo no uso da "agenda de eventos diários" e no uso do "roteiro de atividades", que lhe ajudarão nesse processo. Você será convidado a continuar o trabalho iniciado em sessão durante a semana entre sessões. Você e seu terapeuta definirão as atividades que somarão ao processo de se tornar mais ativo. Seu terapeuta será o seu guia. Ao final, você poderá concluir que o "tornar-se ativado" como uma forma de enfrentar a depressão pode operar mais eficientemente no mundo e que sua vida começou a "entrar nos eixos". Dar o primeiro passo e vir à terapia foi sua primeira atividade guiada. Os outros passos serão mais fáceis do que você imagina.

Adaptado de Martell et al. (2001).

Apêndice 7

CHECKLIST DO ESCRITÓRIO E DA TECNOLOGIA PARA SERVIÇOS DE TELEPSICOLOGIA

Entreviste seu paciente para definir se os serviços de videoconferência são apropriados para ele

- Avalie o *status* clínico e cognitivo do paciente – ele pode participar efetivamente?
- O paciente tem recursos tecnológicos para uma videoconferência – p. ex. *webcam* ou *smartphone*?
- Considere o conforto do paciente no uso da tecnologia – ele pode se conectar e efetivamente usar essa tecnologia?
- O paciente possui espaço físico para uma sessão privada de telepsicologia?
- A permissão dos pais/tutores é requerida? Se sim, obtenha-a.
- Considere a segurança do paciente (p. ex., suicidabilidade) e as questões de saúde (p. ex., risco de contaminação viral, mobilidade, função imune), riscos na comunidade e saúde psicológica quando decidir pela telepsicologia no lugar do atendimento presencial.

Tecnologia

- A plataforma tecnológica é consistente com as práticas HIPAA-compatíveis?
- Você tem a autorização *Business Associate Agreement* (BAA) do fornecedor para essa tecnologia?
- Você e o paciente têm adequada conexão de internet para a videoconferência?
- Você discutiu com o seu paciente como se conectar e usar essa tecnologia?
- Você está usando uma senha de proteção, conexão segura de internet, e não uma conexão pública e não segura de WiFi? E o seu paciente? (Em caso negativo, há o risco aumentado de que sejam raqueados.)
- Você checou se a sua proteção de antivírus/*malware* está funcionando para prevenir o raqueamento? E o seu paciente?

Local

- O local tem privacidade? É razoavelmente silencioso?
- Certifique-se de que o ambiente é bem iluminado. Exemplo: uma janela em frente a você pode escurecer o ambiente ou criar pouca visibilidade.

- Para melhorar o contato visual, posicione a sua câmera de forma que seja fácil olhar para o paciente na tela.
- Considere remover os itens pessoais ou distrações existentes no ambiente atrás de você.
- Verifique a qualidade da imagem e do áudio. Vocês conseguem visualizar e ouvir um ao outro? Certifique-se de que ninguém está no modo "mudo".
- Na medida do possível, ambos deverão manter contato visual, bem como falar claramente ao outro.

Pré-sessão

- Discuta os riscos potenciais e benefícios das sessões de telessaúde com o paciente.
- Obtenha o consentimento livre e esclarecido junto ao seu paciente, ou com o representante legal. Se o psicólogo ou o paciente estiverem em quarentena, o consentimento informado deve ser assinado eletronicamente. Considere o DocHub® ou o DocuSign®.
- Você tem um plano de retaguarda em caso de dificuldades técnicas? Em caso de uma situação de crise? Que informações sobre os contatos de suporte você tem? Você conhece os recursos do local (p. ex., salas de emergência) de onde o paciente se encontra?
- Você discutiu como as sessões serão pagas? O paciente terá que pagar caso se conecte atrasado ou não se conecte para a sessão?
- No caso de menores, defina o local onde o adulto permanecerá.

Começando a sessão virtual

- Verifique a identidade do paciente, caso necessário.
- Confirme a localização do paciente e registre um número de telefone para contato.
- Revise a importância da privacidade da sua localização e a do paciente.
- Todos os indivíduos presentes na sessão virtual necessitam ligar a sua câmera para que o psicólogo saiba quem está participando.
- Certifique-se de que ninguém irá gravar a sessão sem a sua permissão.
- Feche todos os aplicativos e notificações no seu computador ou *smartphone*. Peça para o paciente fazer o mesmo.
- Conduza a sessão da mesma forma como você faria presencialmente. Seja você mesmo.

Fonte: Joint Task Force for the Development of Telepsychology Guidelines for Psychologists (2013). Guidelines for the practice of telepsychology. American Psychologist, 68 (9), 791-800. https://doi.org/10.1037/a0035001

Anexo 1

PLANO GERAL PARA CRISES – BA-IACC

Nome: ________________________ Data: __________

Endereço: ______________________________

Telefones: ______________________________

Contatos de emergência:

Nome:	Endereço:	Telefone:	Relação:

Se não conseguir entrar em contato com seu terapeuta em um período razoável de tempo, é mais provável que entre em contato com as seguintes pessoas:

Nome:	Endereço:	Telefone:	Relação:

[Comportamentos na crise] Pensamentos, impulsos ou comportamentos que você tem quando está em crise:

1. ______________________________
2. ______________________________
3. ______________________________
4. ______________________________

[Situações gatilho] Tipos de situações que provocam pensamentos, impulsos ou comportamentos que você tem quando está em crise:

1. ____________________

2. ____________________

3. ____________________

[Operações motivadoras] Coisas que o tornam mais vulnerável à crise:

1. ____________________

2. ____________________

Sinais de advertência de que você não pode gerenciar eficientemente o mal-estar:

1. ____________________

2. ____________________

3. ____________________

4. ____________________

5. ____________________

6. ____________________

7. ____________________

[Repertório de resposta à crise] Coisas que você pode fazer na hora da crise:

1. ____________________

2. ____________________

3. ____________________

4. ____________________

5. ____________________

6. ____________________

Anexo 2

DIÁRIO DE SONO – BA-IACC

	Segunda	Terça	Quarta	Quinta	Sexta	Sábado	Domingo
Hora em que foi pra cama							
Hora em que adormeceu							
Horas dormidas							
Interrupções do sono							
Horas em que despertou							
Cochilos?							
Qualidade do sono							
Álcool/ medicamento							

Anexo 3

TERMO DE CONSENTIMENTO LIVRE E ESCLARECIDO PARA TELEPSICOLOGIA

Eu, ____, nacionalidade, estado civil, profissão, inscrito(a) no CPF sob o nº ________________, portador(a) da Carteira de Identidade nº __________________, residente à Rua ____________________________, nº ________, Apto. nº ______, Bairro ____________________________, em Cidade/Estado: ________________ ________________, CEP: ______________, paciente do psicólogo ________ ____________________________, inscrito no CRP sob o nº ____________, venho, para os devidos fins, fazer a presente declaração de ciência e anuência nos seguintes termos:

Declaro estar ciente da necessidade e recomendação de isolamento social por força do estado de calamidade pública reconhecido pelo Governo Federal, em razão da pandemia do novo coronavírus (Covid-19), com a consequente sugestão de redução de contato físico entre pacientes e psicólogos, notadamente pelo fato do profissional psicólogo ser potencial vetor de transmissão da Covid-19.

Declaro que fui informado sobre o atendimento e/ou manutenção de tratamentos visando a promoção da assistência à saúde emocional e psíquica do paciente, principalmente no atual estágio de urgência e emergência da saúde pública – em especial os atendimentos *online* e virtual, com a utilização da Telepsicologia, conforme autorizado pelo Conselho Federal de Psicologia – CFP (Resolução CFP n. 11/2018).

Declaro, ainda, que fui informado que, para assegurar o sigilo, os atendimentos serão realizados por meio de plataformas criptografadas, sendo mantida a confidencialidade das informações trocadas entre psicólogo e paciente.

Por fim, declaro minha ciência dos riscos advindos do tráfego de informações pela rede mundial de computadores (internet), telefone e outra ferramenta tecnológica de comunicação, isentando o psicólogo de tal responsabilidade, pelo que expresso minha anuência e consentimento para a utilização da Telepsicologia, nos termos que me foram informados e explicados, ressaltando que fui devidamente esclarecido sobre o procedimento de consulta e atendimento virtual, bem como todas as minhas dúvidas foram esclarecidas pelo psicólogo por ocasião da assinatura do presente Termo, inclusive me foi dada a liberdade de não consentir com a alternativa de atendimento apresentada.

______________________, _____ de ____________ de 2020.

Nome do paciente:

____

Número do CPF:

____

Referências

Abreu, P. R. (2006). Terapia analítico-comportamental da depressão: Uma antiga ou uma nova ciência aplicada? Archives of Clinical Psychiatry, 33(6), 322-328. https://dx.doi.org/10.1590/S0101-60832006000600005

Abreu, P. R. (2011). Novas relações entre as interpretações funcionais do desamparo aprendido e do modelo comportamental de depressão. Psicologia: Reflexão e Crítica, 24(4), 788-797. https://dx.doi.org/10.1590/S0102-79722011000400020

Abreu, P. R. & Abreu, J. H. S. S. (2015a). Ativação comportamental: Apresentando o protocolo de Martell, Addis e Jacobson (2001). In: A. C. C. P. Bittencourt, E. C. A. Neto, M. E. Rodrigues, & N. B. Araripe. (Org.). Depressão: Psicopatologia e terapia analítico--comportamental., (pp. 61-70) Curitiba: Juruá.

Abreu, P. R. & Abreu. J. H. S. S. (2015b). Ativação comportamental. In: J. P. Gouveia, L. P. Santos, & M. S. Oliveira (Eds). Terapias comportamentais de terceira geração: Guia para profissionais (pp. 406-439). Novo Hamburgo: Editora Sinopsys.

Abreu, P., & Abreu, J. (2017a). La cuarta generación de terapias conductuales. Revista Brasileira de Terapia Comportamental e Cognitiva, 19(3), 190-211. https://doi.org/10.31505/rbtcc.v19i3.1069

Abreu, P., & Abreu, J. (2017b). Ativação comportamental: Apresentando um protocolo integrador no tratamento da depressão. Revista Brasileira de Terapia Comportamental e Cognitiva, 19(3), 238-259. https://doi.org/10.31505/rbtcc.v19i3.1065

Abreu, P. R., & Hübner, M. M. C. (2012). O comportamento verbal para B. F. Skinner e para S. C. Hayes: Uma síntese com base na mediação social arbitrária do reforçamento. Acta Comportamentalia, 20 (3), 367-381.

Abreu, P. R., Hübner, M. M. C., & Lucchese, F. (2012). The role of shaping the client's interpretations in functional analytic psychotherapy. The Analysis of Verbal Behavior, 28, 151-157. DOI: 10.1007/BF03393117.

Abreu, P. R., & Santos, C. (2008). Behavioral models of depression: A critique of the emphasis on positive reinforcement. International Journal of Behavioral and Consultation Therapy, 4, 130-145. DOI: 10.1037/h0100838.

Addis, M. E., & Jacobson, N. S. (1996). Reasons for depression and the process and outcome of cognitive-behavioral psychotherapies. Journal of Consulting and Clinical Psychology, 64(6), 1417-1424. http://doi.org/10.1037/0022-006X. 64.6.1417

American Academy of Sleep Medicine (2014). International classification of sleep disorders (3rd ed.) Darien, IL: American Academy of Sleep Medicine; 2014.

American Psychiatric Association (2014). DSM-5: Manual diagnóstico e estatístico de transtornos mentais. Porto Alegre: Artmed.

American Psychiatric Association. (2000). Diagnostic and statistical manual of mental disorders (4th ed., text rev.). Washington, DC: Author.

American Psychological Association. (2006). Evidence-based practice in psychology: APA presidential task force on evidence-based practice. American Psychologist, 61(4), 271-285. DOI: 10.1037/0003-066X.61.4.271.

Armento, M., & Hopko, D. (2007). The Environmental Reward Observation Scale (EROS): Development, validity, and reliability. Behavior Therapy, 38, 107-119. https://doi.org/10.1016/j.beth.2006.05.003

Arnou, R. C., Meagher, M. W., Norris, M. P., & Branson, R. (2001). Psychometric evaluation of the Beck Depression Inventory-II with primary care medical patients. Health Psychology, 20, 112-119. DOI: 10.1037//0278-6133.20.2.112.

Baer, D. M., Wolf, M. M., Risley, T. R. (1968). Some current dimensions of applied behavior analysis. Journal of Applied Behavior Analysis, 1, 91-97. DOI: 10.1901/jaba.1968.1-91.

Bankoff, S., Karpel, M., Forbes, H., & Pantalone, D. (2012). A systematic review of dialectical behavioral therapy for eating disorders. Eating Disorders, 20, 196-215. DOI: 10.1080/ 10640266.2012.668478.

Barnhill, J. W. (2015). Casos clínicos do DSM-5. Porto Alegre: Artmed.

Beck, A. (1970). Cognitive therapy: Nature and relation to behavior therapy. Behavior Therapy, 1, 184-200. http://dx.doi.org/10.1016/S0005-7894(70) 80030-2

Beck, A. T. (1963). Thinking and depression: I. Idiosyncratic content and cognitive distortions. Archives of General Psychiatry, 9 (4), 324-333. http://dx.doi.org/10.1001/archpsyc.1963.01720160014002

Beck, A. T. (2008). The evolution of the cognitive model of depression and its neurobiological correlates. The American Journal of Psychiatry 165, 969-977. https://doi.org/10.1176/appi.ajp.2008.08050721

Beck, A. T., Rush. A. J., Shaw, B. F., & Emory, G. (2012). Terapia cognitiva da depressão. São Paulo: Artmed. (Original published in 1979).

Beck, A.T., Steer, R.A., & Brown, G.K. (1996). Manual for the Beck Depression Inventory-II. San Antonio, TX: Psychological Corporation.

Bedford, J., Enria, D., Giesecke, J., Heymann. D. L., Ihekweazu. C., Kobinger G., et al (2020). COVID-19: Towards controlling of a pandemic. Lancet pii: S0140-6736(20)30673-5. DOI: 10.1016/S0140-6736(20)30673-5. [Epub ahead of print]

Bohus M., Dyer A. S., Priebe K., Krüger A., Kleindienst N., Schmahl C., ... Steil R. (2013). Dialectical behaviour therapy for post-traumatic stress disorder after childhood sexual abuse in patients with and without borderline personality disorder: A randomised controlled trial. Psychotherapy and Psychosomatics, 82, 221-233. DOI: 10.1159/ 000348451.

Bootzin, R. (1973). Treatment of sleep disorders. Paper presented at meeting of American Psychological Association, Montreal.

Bush, A. M., Manos, R. C. Rush, L. C., Bowe, W. M., & Kanter, J. W. (2010). FAP and behavioral activation. In: J. W. Kanter, M. Tsai, & R. J. Kohlenberg (Eds), The practice of Functional Analytic Psychotherapy (pp. 65-82). New York: Springer.

Callaghan, G. M., & Darrow. S. M. (2015). The role of functional assessment in third wave behavioral interventions: Foundations and future directions for a fourth wave. Current Opinion in Psychology, 2, 60-64. DOI: 10.1016/j.copsyc.2014.12.005.

Callaghan, G. M., Summers, C. J., & Weidman, M. (2003). The treatment of histrionic and narcissistic personality disorder behavior: A single-subjetc demonstration of clinical improvement using Functional Analytic Psychotherapy. Journal of Contemporary Psychotherapy, 33, 321-339. DOI: 10.1023/B:JOCP.0000004502.55597.81.

Carmody, D. P. (2005). Psychometric characteristics of the Beck Depression Inventory-II with college students of diverse ethnicity. International Journal of Psychiatry in Clinical Practice 9, 22-28. https://doi.org/10.1080/13651500510014800

Carvalho, J. P. (2011). Avoidance and depression: Evidence for reinforcement as a mediating factor. PhD diss., University of Tennessee.

Carvalho, J. P., Gawrysiak, M. J., Hellmuth, J. C., McNulty, J. K., Magidson, J. F., Lejuez, C. W., & Hopko, D. R. (2011). The Reward Probability Index: Design and validation of a scale measuring access to environmental reward. Behavior Therapy, 42(2), 249-262. https://doi.org/10.1016/j.beth.2010.05.004

Carvalho, J. P., Hopko, D. R. (2011). Behavioral theory of depression: Reinforcement as a mediating variable between avoidance and depression. Journal of Behavior Therapy and Experimental Psychiatry, 42, 154-162. DOI: 10.1016/j.jbtep.2010.10.001.

Cordova, J. V., Scott, R. L. (2001). Intimacy: A behavioral interpretation. The Behavior Analyst, 24, 75-86. DOI: 10.1007/BF03392020.

Dahne, J., Lejuez, C. W., Kustanowitz, J., Felton, J. W., Diaz, V. A., Player, M. S., & Carpenter, M. J. (2017). Moodivate: A self-help behavioral activation mobile app for utilization in primary care-Development and clinical considerations. International Journal of Psychiatry in Medicine, 52(2), 160-175. https://doi.org/10.1177/0091217417720899

Dallalana, C., Caribé, A. C., & Miranda-Scippa, A. (2019). Suicídio. In: J. Quevedo, A. E. Nardi, & A. G. Silva (Eds.). Depressão: Teoria e Clínica (pp., 123-132). São Paulo: Artmed.

Del Prette, G. (2015). O que é Psicoterapia Analítica Funcional e como ela é aplicada? In: J. P. Gouveia, L. P. Santos, & M. S. Oliveira (Eds). Terapias comportamentais de terceira geração: Guia para profissionais (pp. 310-342). Novo Hamburgo: Sinopsys.

Depression Treatment: Behavioral activation for depression (n.d.). In Division 12 of the American Psychological Association website. Retrieved October 2, 2017, from http://www.div12.org/psychological-treatments/disorders/depression/behavioral-activation-for-depression/

Dimeff, L. A., & Linehan, M. M. (2008). Dialectical behavior therapy for substance abusers. Addiction Science & Clinical Practice, 4 (2), 39-47. DOI: 10.1151/ascp084239.

Dimidjian, S., Barrera Jr, M., Martell, C., Muñoz, R. F., & Lewinsohn, P. M. (2011). The origins and current status of behavioral activation treatments for depression. Annual Review of Clinical Psychology, 7, 1-38. DOI: 10.1146/annurev-clinpsy-032210-104535g.

Dimidjian, S., Hollon, S. D., Dobson, K. S., Schmaling, K. B., Kohlenberg, R. J., Addis, M. E., et al. (2006). Randomized trial of behavioral activation, cognitive therapy, and antidepressant medication in the acute treatment of adults with major depression. Journal of Consulting and Clinical Psychology, 74, 658-670. DOI: 10.1037/0022-006X.74.4.658.

Dittrich, A., Strapasson, B. A., Silveira, J. M., & Abreu, P. R. (2009). Sobre a observação enquanto procedimento metodológico na análise do comportamento: positivismo lógico, operacionismo e behaviorismo radical. Psicologia: Teoria e Pesquisa, 25(2), 179-187. https://dx.doi.org/10.1590/S0102-37722009000200005

Dobson, K. S., Hollon, S. D., Dimidjian, S., Schmaling, K. B., Kohlenberg, R. J., Gallop, R. J., ... Jacobson, N. S. (2008). Randomized trial of behavioral activation, cognitive therapy, and antidepressant medication in the prevention of relapse and recurrence in major depression. Journal of Consulting and Clinical Psychology, 76(3), 468-477. DOI: 10.1037/0022-006X.76.3.468.

Dombrovski, A. Y., Mulsant, B. H., Houck, P. R., Mazumdar, S., Lenze, E. J., Andreescu, C., et al. (2007). Residual symptoms and recurrence during maintenance treatment of late-life depression. Journal of Affective Disorders, 103, 77-82. DOI: 10.1016/j.jad.2007.01.020.

Dougher, M. J., & Hackbert, J. A. (1994). A behavior analytic account of depression and a case report using acceptance-based procedures. The Behavior Analyst, 17 (2), 321-334. DOI: 10.1007/bf03392679.

Duran, E. P., Saffi, F, Abreu. P. R., & Neto, F. L. (2019). Psicoterapia cognitivo-comportamental e análise do comportamento na depressão. In: A. G. Silva, A. E. Nardi, A. G. Silva (Orgs.). Depressão: Teoria e Clínica. (pp. 79-92). Porto Alegre: Artmed.

Elkin, I., Shea, M. T., Watkins, J. T., Imber, S. D., Sotsky, S. M., Collins, J. F., Glass, D. R., Pilkonis, P. A., Leber, W. R., Docherty, J. P., Fiester, S. J., & Parloff, M. B. (1989). National Institute of Mental Health Treatment of Depression Collaborative Research Program: General effectiveness of treatments. Archives of General Psychiatry, 46, 971-982. DOI: 10.1001/archpsyc.1989.01810110013002

Estes, W. K., & Skinner, B. F. (1941). Some quantitative properties of anxiety. Journal of Experimental Psychology, 29, 390-340. DOI: 10.1037/h0062283.

Fernandes, T.A. L., Popovitz, J. M. B., & Silveira, J. M. (2013). A utilização da terminologia sobre os fatores comuns na análise comportamental clínica. Perspectivas em Análise do Comportamento, 4 (1), 20-32. Recuperado em 09 de abril de 2020, de http://pepsic.bvsalud.org/scielo.php?script=sci_arttext&pid=S2177-35482013000100004&lng=pt&tlng=pt

Ferro-García, R., López-Bermúdez, M. A., & Valero-Aguayo, L. (2012). Treatment of a disorder of self through Functional Analytic Psychotherapy. International Journal of Behavioral Consultation and Therapy, 7, 45-51. Retrieved from http://psycnet.apa.org/fulltext/2012-22649-008.pdf

Ferro-García, R., Valero-Aguayo, L., & Vives Montero, M. C. (2000). Aplicación de la Psicoterapia Analítica Funcional: Un análisis clínico de un trastorno depresivo. Análisis y Modificación de Conducta, 26, 291-317. Retrieved from https://extension.uned.es/ archivos_publicos/webex_actividades/4925/aplicaciondelapafunanalisisclinicodeuntrastornodepresivoferroyvalero.pdf

Ferster, C. B. (1972). An experimental analysis of clinical phenomena. The Psychological Record, 22 (1), 1-16. https://doi.org/10.1007/BF03394059

Ferster, C. B. (1973). A functional analysis of depression. American Psychologist, 28, 857-870. DOI: 10.1037/h0035605.

Ferster, C. B., & Skinner, B. F. (1957). Schedules of reinforcement. New York: Appleton.

Ferster, C. B. (1967). Arbitrary and natural reinforcement. Psychological Record, 17, 341-347. DOI: 10.4324/9781351314442-3.

Gortner, E. T., Gollan, J. K., Dobson, K. S. et al. (1998). Cognitive-behavioral treatment for depression: relapse prevention. Journal of Consulting and Clinical Psychology, 66 (2), 377-84. DOI: 10.1037/0022-006X.66.2.377.

Harvey, A. (2001). Insomnia: symptom or diagnosis? Clinical Psychology Review, 21 (7), 1037-1059. https://doi.org/10.1016/S0272-7358(00)00083-0

Hayes, S. C., Hayes, L. J., & Reese, H. W. (1998). Finding the philosophical core: a review of Stephen C. Pepper's world hypotheses. Journal of Experimental Analysis of Behavior, 50, 97-111. DOI: 10.1901/jeab.1988.50-97.

Hayes, S. C., Masuda, A., Bissett, R., Luoma, J., &Guerrero, L. F. (2004). DBT, FAP, and ACT: How empirically oriented are the new behavior therapy technologies? Behavior Therapy, 35, 3-54. DOI: 10.1016/S0005-7894(04)80003-0.

Hayes, S. C., Wilson, K. W., Gifford, E. V., Follette, V. M., & Strosahl, K. (1996). Experiential avoidance and behavioral disorders: A functional dimensional approach to diagnosis and treatment. Journal of Consulting and Clinical Psychology, 64(6), 1152-1168. DOI: 10.1037/0022-006X.64.6.1152.

Hayes, S. C., Zettle, R. & Rosenfarb. I. (1989). Rule-following. In S. C. Hayes (Org.), Rule governed behavior: Cognition, contingencies, and instructional control (pp.191-220). New York: Plenum.

Hayes, S. C., Strosahl, K. D., & Wilson, K. G. (1999). Acceptance and commitment therapy: an experiential approach to behavior change. New York: Guilford.

He, F., Deng, Y., & Li, W. (2020). Coronavirus Disease 2019 (COVID-19): What we know?. Journal of Medical Virology, 1-7. DOI: 10.1002/jmv.25766.

Heffner, J. L., Watson, N. L., Serfozo, E., Mull, K. E., MacPherson, L., Gasser, M., & Bricker, J. B. (2019). A Behavioral Activation Mobile Health App for Smokers With Depression: Development and Pilot Evaluation in a Single-Arm Trial. JMIR Formative Research, 3(4), e13728. https://doi.org/10.2196/13728

Holman, G., Kanter, J. W., Tsai, M., & Kohlenberg, J. R. (2017). Functional analytic psychotherapy made simple. Oakland: New Harbinger.

Hopko, D.R., Robertson, S.M.C. & Lejuez, C.W. (2006). Behavioral activation for anxiety disorders. The Behavior Analyst Today, 7 (2), 212-224. DOI: 10.1037/pst0000119.

Hübner, M. M. C., Abreu, P. R., Magalhães, A., Callonere, A., Reis, C., Hübner, L. (2016). Psicologia da saúde, psicologia hospitalar e análise do comportamento. In: E. C. Humes, M. E. B. Vieira, R. F. Júnior, M. M. C. Hübner, R. D. Olmos. (Eds.). Psiquiatria interdisciplinar (pp. 13-18). Barueri: Manole.

Hunziker, M. H. L. (2003). Desamparo aprendido. Tese, Instituto de Psicologia, Universidade de São Paulo. São Paulo-SP.

Jacobson, E. (1938). Progressive relaxation. Chicago: University of Chicago Press.

Jacobson, N. S., & Gortner, E. (2000). Can depression be de-medicalized in the 21st century: Scientific revolutions, counter revolutions and magnetic field of normal science. Behavior Research and Therapy, 38, 103-117. DOI: 10.1016/s0005-7967(99)00029-7.

Jacobson, N. S., & Hollon, S. D. (1996). Cognitive-behavior therapy versus pharmacotherapy: Now that the jury's returned its verdict, it's time to present the rest of the evidence. Journal of Consulting and Clinical Psychology, 64(1), 74-80. http://dx.doi.org/10.1037/0022-006X.64.1.74

Jacobson, N. S., Dobson, K., Truax, P. A., Addis, M. E., Koerner, K., Gollan, J. K. et al. (1996). A component analysis of cognitive-behavioral treatment for depression. Journal of Consulting and Clinical Psychology, 64, 295-304. DOI: 10.1037/0022-006X.64.2.295.

Jakupcak M., Roberts L. J., Martell C., Mulick P., Michael S., et al. (2006). A pilot study of behavioral activation for veterans with posttraumatic stress disorder. Journal of Traumatic Stress, 19, 387-391. DOI: 10.1002/jts.20125.

Joint Task Force for the Development of Telepsychology Guidelines for Psychologists (2013). Guidelines for the practice of telepsychology. American Psychologist, 68 (9), 791-800. https://doi.org/10.1037/a0035001

Kanter, J., Busch, A. M., & Rusch, L. (2009). Behavior Activation: distinctive features. London: Routledge.

Kanter, J., Manos, R. C., Bush, A. M., & Rush, L. C., (2008). Making behavioral activation more behavioral. Behavior Modification, 32, 780-803. DOI: 10.1177/0145445508317265.

Kanter, J. W., Baruch, D. E., & Gaynor, S. T. (2006). Acceptance and commitment therapy and behavioral activation for the treatment of depression: description and comparison. The Behavior analyst, 29(2), 161-185. DOI: 10.1007/bf03392129.

Kanter, J. W., Callaghan, G. M., Landes, S. J., Busch, A. M., & Brown, K. R. (2004). Behavior analytic conceptualization and treatment of depression: Traditional models and recent advances. The Behavior Analyst Today, 5(3), 255-274. http://dx.doi.org/10.1037/h0100041

Kanter, J. W., Mulick, P. S., Busch, A. M., Berlin, K. S., & Martell, C. R. (2006). The Behavioral Activation for Depression Scale (BADS): Psychometric properties and factor structure. Journal of Psychopathology and Behavioral Assessment, 29, 191-202. https://doi.org/10.1007/s10862-006-9038-5

Kanter, J. W., Rusch, L. C., Busch, A. M., & Sedivy, S. K. (2009). Validation of the Behavioral Activation for Depression Scale (BADS) in a community sample with elevated depressive symptoms. Journal of Psychopathology and Behavioral Assessment, 31, 36-42. https://doi.org/10.1007/s10862-008-9088-y

Kohlenberg, R. J., & Tsai, M. (1991). Functional analytic psychotherapy: A guide for creating intense and curative therapeutic relationships. New York: Plenum.

Kohlenberg, R. J., & Tsai, M. (1994). Improving cognitive therapy for depression with Functional Analytic Psychotherapy: Theory and case study. The Behavior Analyst, 17, 305-319. DOI: 10.1007/BF03392678.

Kohlenberg, R. J., & Tsai, M. (1998a). Healing interpessoal trauma with the intimacy of the therapeutic relationship. In F. R. Abueg, V. Follette, & J. Ruzek (Eds). Trauma in context: a cognitive behavioral approach (pp. 42-55). Nova York: Guilford, 1998.

Kohlenberg, R. J., & Tsai, M. (1998b). Healing interpersonal trauma with the intimacy of the relationship. In V. M. Follette, J. I. Ruzeg, & F. R. Abueg (Eds.), Cognitive-Behavioral Therapies for Trauma (pp. 305-320). New York: Guilford Press.

Kohlenberg, R. J., & Tsai, M. (2000). Radical behavioral help for Katrina. Cognitive and Behavioral Practice, 7, 500-505. DOI: 10.1016/S1077-7229(00)80065-6.

Lam, D. H., Hayward, P., Watkins, E. R., Wright, K., & Sham, P. (2005). Relapse prevention in patients with bipolar disorder: Cognitive therapy outcome after 2 years. American Journal of Psychiatry, 162, 324-329. DOI: 10.1176/appi.ajp.162.2.324.

Lam, D. H., Watkins, E. R., Hayward, P., Bright, J., Wright, K., Kerr, N., et al. (2003). A randomized controlled study of cognitive therapy of relapse prevention for bipolar affective disorder: Outcome of the first year. Archives of General Psychiatry, 60, 145-152. DOI: 10.1001/archpsyc.60.2.145.

Langhorne, P., McGill, P., & Oliver, C. (2013). The motivation operation and negatively reinforced problem behavior: a systematic review. Behavior Modification, 38, 107-159. DOI: 10.1177/0145445513509649.

Lejuez, C. W., Hopko D. R., Acierno, R., Daughters, S. B., Pagoto, S. L., (2011). Ten-year revision of the brief behavioral activation treatment for depression: revised treatment manual. Behavior Modification, 35(2), 111-61. https://doi.org/10.1177/0145445510390929

Lejuez, C. W., Hopko, D. R., & Hopko, S. D., (2001). A brief behavioral activation treatment for depression: Treatment manual. Behavior Modification 25, 255-286. DOI: 10.1177/0145445501252005.

Lewinsohn, P. M., & Graf, M. (1973). Pleasant activities and depression. Journal of Consulting and Clinical Psychology, 41(2), 261-268. http://dx.doi.org/10.1037/h0035142

Lewinsohn, P. M., & Libet, J. (1972). Pleasant events, activity schedules and depression. Journal of Abnormal Psychology, 79, 291-295. http://dx.doi.org/10.1037/h0033207

Lewinsohn, P. M., Biglan, A., & Zeiss, A. S. (1976). Behavioral treatment of depression. In P. O. Davidson (Ed.), The behavioral management of anxiety, depression and pain, (pp. 91-146). New York: Brunner/Mazel.

Lewinsohn, P. M., Munõz, R. F., Youngren, M. A. & Zeiss, A. M. (1992). Control your depression. New York: Fireside.

Libet, J. M., & Lewinsohn, P. M. (1973). Concept of social skill with special reference to the behavior of depressed persons. Journal of Consulting and Clinical Psychology, 40, 304-312. https://psycnet.apa.org/doiLanding?doi=10.1037%2Fh0034530

Linehan, M. (1993). Cognitive-behavioral treatment of borderline personality disorder. New York: Guilford Press.

Liu, S., Yang, L., Zhang, C., Xiang, Y. T., Liu, Z., Hu, S., & Zhang, B. (2020). Online mental health services in China during the COVID-19 outbreak. The Lancet Psychiatry, 7 (4), e17-e18. https://doi.org/10.1016/S2215-0366(20)30077-8

López-Bermúdez, M. A., Ferro-García, R., & Valero-Aguayo, L. (2010). Intervención en un trastorno depresivo mediante la Psicoterapia Analítica Funcional. Psicothema, 22, 92-98. Retrieved from http://www.psicothema.com/ psicothema.asp?id=3701

Lorenzo-Luaces, L. & Dobson, K.S. (2019). Is Behavioral activation (BA) more effective than cognitive therapy (CT) in severe depression? A reanalysis of a landmark trial. International Journal of Cognitive Therapy, 12 (2), 73-82. https://doi.org/10.1007/s41811-019-00044-8

Ly, K. H., Trüschel, A., Jarl, L., Magnusson, S., Windahl, T., Johansson, R., Carlbring, P., & Andersson, G. (2014). Behavioural activation versus mindfulness-based guided self--help treatment administered through a smartphone application: a randomised controlled trial. BMJ open, 4 (1), e003440. https://doi.org/10.1136/bmjopen-2013-003440

Mace, F. C., & Critchfield, T. S. (2010). Translational research in behavior analysis: historical traditions and imperative for the future. Journal of the experimental analysis of behavior, 93(3), 293-312. DOI: 10.1901/jeab.2010.93-293.

Magri, M., & Coelho, C. (2019). Comparação dos efeitos do treinamento de habilidades sociais e da psicoterapia analítica funcional nas habilidades sociais de um paciente com fobia social. Revista Brasileira de Terapia Comportamental e Cognitiva, 21(1), 24-42. https://doi.org/10.31505/rbtcc.v21i1.1144

Maier, S. F., & Seligman, M. E. P. (1976). Learned helplessness: Theory and evidence. Journal of Experimental Psychology: General, 105, 03-46. DOI: 10.1037/0096-3445.105.1.3.

Mairs, H., Lovell, K., Campbell, M., & Keeley, P. (2011). Development and pilot investigation of behavioral activation for negative symptoms. Behavior Modification, 35(5), 486-506. https://doi.org/10.1177/0145445511411706

Manduchi, K., & Schoendorff, B. (2012). First steps in FAP: Experiences of beginning Functional Analytic Psychotherapy therapist with an obsessive-compulsive personality disorder client. International Journal of Behavioral Consultation and Therapy, 7, 72-77. DOI: 10.1037/h0100940.

Manos, R. C., Kanter, J. W., & Bush, A. M. (2011). A critical review of assessment strategies to measure the behavioral activation model of depression. Clinical Psychology Review, 30, 547-561. https://doi.org/10.1016/j.cpr.2010.03.008

Manos, R. C., Kanter, J. W., & Luo, W. (2011). The Behavioral Activation for Depression Scale-Short Form: Development and validation. Behavior Therapy, 42, 726-739. DOI: 10.1016/j.beth.2011.04.004.

Martell, C. R., Addis, M. E., & Jacobson, N. S. (2001). Depression in context: Strategies for guided action. New York: W. W. Norton.

Matos, M. A. (1999). Análise funcional do comportamento. Estudos de Psicologia, 16 (3), 8-18. https://dx.doi.org/10.1590/S0103-166X1999000300002

Maunder, R., Hunter, J., Vincent, L., Bennett, J., Peladeau, N., Leszcz, M., Sadavoy, J., Verhaeghe, L. M., Steinberg, R., & Mazzulli, T. (2003). The immediate psychological and occupational impact of the 2003 SARS outbreak in a teaching hospital. Canadian Medical Association Journal, 168 (10), 1245-1251.

Mestre, M. B. A., & Hunziker, M. H. L. (1996). O desamparo aprendido em ratos adultos, como função de experiências aversivas incontroláveis na infância. Tuiuti: Ciência e Cultura, 6 (2), 25-47.

Michael, J. (1982). Distinguishing between discriminative and motivational functions of stimuli. Journal of the Experimental Analysis of Behavior, 37 (1):149-155. DOI: 10.1901/jeab.1982.37-149.

Miklowitz, D. J., Axelson, D. A., Birmaher, B., George, E. L., Taylor, D. O., Schneck, C. D., et al. (2008). Family-focused treatment for adolescents with bipolar disorder: Results of a 2-year randomized trial. Archives of General Psychiatry, 65 (9), 1053-1061. DOI: 10.1001/archpsyc.65.9.1053.

Miklowitz, D. J., George, E. L., Richards, J. A., Simoneau, T. L., & Suddath, R. L. (2003). A randomized study of family-focused psychoeducation and pharmacotherapy in the outpatient management of bipolar disorder. Archives of General Psychiatry, 60, 904-912. DOI: 10.1001/archpsyc.60.9.904.

Miklowitz, D. J., Otto, M. W., Frank, E., Reilly-Harrington, N. A., Wisniewski, S. R., Kogan, J. N., et al. (2007). Psychosocial treatments for bipolar depression: A 1-year randomized trial from the Systematic Treatment Enhancement Program. Archives of General Psychiatry, 64, 419-427. DOI: 10.1001/archpsyc.64.4.419.

Miklowitz, D. J., Schneck, C. D., Singh, M. K., Taylor, D. O., George, E. L., Cosgrove, V. E., et al. (2013). Early intervention for symptomatic youth at risk for bipolar disorder: A randomized trial of family-focused therapy. Journal of the American Academy of Child and Adolescent Psychiatry, 52 (2), 121-131. DOI: 10.1016/j.jaac.2012.10.007.

Mulick, P. S., Landes, S. J., & Kanter, J. W. (2011). Contextual behavior therapies in the treatment of PTSD: A review. International Journal of Behavioral Consultation and Therapy, 7 (1), 23-31. http://dx.doi.org/10.1037/h0100923

National Health Commission of China (2020). Guidelines for psychological assistance hotlines during 2019-nCoV pneumonia epidemic. http://www.nhc.gov.cn/jkj/s3577/202002/ f389f20cc1174b21b981ea2919beb8b0.shtml. Date accessed: March 28, 2020.

Neno, S. (2005). Tratamento padronizado: Condicionantes históricos, status contemporâneo e (in)compatibilidade com a terapia analítico-comportamental. Tese de Doutorado. Belém: Programa de Pós-Graduação em Teoria e Pesquisa do Comportamento, Universidade Federal do Pará.

Ng, C. L. (2015). The relationships between insomnia & depression. Journal of Family Medicine & Community Health, 2 (1), 1027. Recuperado de https://www.jscimedcentral.com/FamilyMedicine/familymedicine-2-1027.pdf

NIH State-of-the-Science Conference Statement on Manifestations and Management of Chronic Insomnia in Adults (n.d.). In National Institutes of Health. Retrieved December 2, 2019, from https://consensus.nih.gov/2005/insomniastatement.pdf

Ohayon, M. M. (2000). Epidemiology of insomnia: What we know and what we still need to learn. Sleep Medicine Reviews, 6 (2), 97-111. DOI: 10.1053/smrv.2002.0186.

Olivia, C. W., Stevens, M. (2018). Avian vision models and field experiments determine the survival value of peppered moth camouflage. Communications Biology, 1 (1). DOI: 10.1038/s42003-018-0126-3.

Parikh, S. V., Quilty, L. C., Ravitz, P., Rosenbluth, M., Pavlova, B., Grigoriadis, S., ... the CANMAT Depression Work Group. (2016). Canadian network for mood and anxiety treatments (CANMAT) 2016 clinical guidelines for the management of adults with major depressive disorder: Section 2. Psychological Treatments. Canadian Journal of Psychiatry, 61 (9), 524-539. http://doi.org/10.1177/0706743716659418

Peen, J., Schoevers, R. A., Beekman, A. T., & Dekker, J. (2010). The current status of urban-rural differences in psychiatric disorders. Acta Psychiatrica Scandinavica, 121(2), 84-93. DOI: 10.1111/j.1600-0447.2009.01438.x.

Rehm, L. P. (1977). A self-control model of depression. Behavior Therapy, 8, 787-804. DOI: 10.1016/S0005-7894(77)80150-0.

Relaxation Training for Insomnia (n.d.). In Division 12 of the American Psychological Association website. Recuperado de https://www.div12.org/psychological-treatments/treatments/relaxation-training-for-insomnia/

Resolução CFP n. 10, de 21 de julho de 2005. Aprova o Código de Ética Profissional do Psicólogo. Brasília, DF: Conselho Federal de Psicologia.

Resolução CFP n. 11, de 11 de maio de 2018. Regulamenta a prestação de serviços psicológicos realizados por meios de tecnologias da informação e da comunicação e revoga a Resolução CFP n. 11/2012. Brasília, DF: Conselho Federal de Psicologia.

Resolução CFM n. 1.627/2001. Define e regulamenta o ato profissional de médico. Brasília, DF: Conselho Federal de Medicina.

Resolução CFM n. 1.643/2002. Define e disciplina a prestação de serviços através da Telemedicina. Brasília, DF: Conselho Federal de Medicina.

Resolução CFM n. 2.217/ 2018, modificada pelas Resoluções CFM n. 2.222/2018 e 2.226/2019. Define e regulamenta o Código de Ética Médica. Brasília, DF: Conselho Federal de Medicina.

Ribeiro, J. D., Franklin, J. C., Fox, K. R., Bentley, K. H., Kleiman, E. M., Chang, B. P., & Nock, M. K. (2016). Self-injurious thoughts and behaviors as risk factors for future suicide ideation, attempts, and death: a meta-analysis of longitudinal studies. Psychological Medicine, 46 (2), 225-236. https://doi.org/10.1017/S0033291715001804

Sadock, B. J., Sadock, V. A., & Ruiz, P. (2015). Kaplan & Sadock's synopsis of psychiatry: Behavioral sciences/clinical psychiatry (Eleventh edition.). Philadelphia: Wolters Kluwer.

Saffi, F., Abreu, P. R., Lotufo Neto, F. (2011). Terapia cognitivo-comportamental dos transtornos afetivos. In: Bernard Rangé. (Org.). Psicoterapias cognitivo-comportamentais: Um diálogo com a psiquiatria (pp. 369-392). 2ed. Porto Alegre: Artmed.

Saffi, F., Abreu, P. R., Lotufo Neto, F. (2009). Melancolia, tristeza e euforia. In: Marilda Novaes Lipp. (Org.). Sentimentos que causam stress: Como lidar com eles (pp. 79-88). Campinas: Papirus.

Sarmet, I. A. G., & Vasconcelos, L. A. (2016). O conceito de generalização: Avanços na análise do comportamento. Editora: UNB.

Sateia, M. J., Buysse, D. J., Krystal, A. D., Neubauer, D. N., & Heald, J. L. (2017). Clinical practice guideline for the pharmacologic treatment of chronic insomnia in adults: an American Academy of Sleep Medicine clinical practice guideline. Journal of Clinical Sleep Medicine, 13(2), 307-349. http://dx.doi.org/10.5664/jcsm.6470

Schlinger, Jr., H. (2019). A behavior-analytic perspective on development. Revista Brasileira de Terapia Comportamental e Cognitiva, 20(4), 116-131. https://doi.org/10.31505/rbtcc.v20i4.1277

Sidman, M. (1989). Coercion and its fallout. Boston: Authors Cooperative.

Skinner, B. F. (1968). Science and human behavior. New York/London: Free Press/Collier Macmillan. (Original work published 1953).

Skinner, B. F. (1976). About behaviorism. New York: Vintage Books. (Original work published 1974).

Skinner, B. F. (1981). Selection by consequences. Science, 213, 501-504. http://dx.doi.org/10.1126/science.7244649

Skinner, B.F. (1989). Recent issues in the analysis of behavior. Columbus: Merril Publishing.

Skinner, B. F. (1992). Verbal behavior. Acton, MA: Copley Publishing Group. (Original work published 1957).

Smith, M. T., Huang, M. I., & Manber, R. (2005). Cognitive behavior therapy for chronic insomnia occurring within the context of medical and psychiatric disorders. Clinical Psychology Review, 25 (5), 559-592. DOI: 10.1016/j.cpr.2005.04.004.

Sousa, A. C. A. (2003). Trastorno de personalidade borderline sob uma perspectiva analítico-funcional. Revista Brasileira de Terapia Comportamental e Cognitiva, 5, 121-137. Retrieved from: http://www.usp.br/rbtcc/ index.php/RBTCC/article/view/76

Stimulus Control Therapy for insomnia (n.d.). In Division 12 of the American Psychological Association website. Recuperado de https://www.div12.org/psychological-treatments/treatments/stimulus-control-therapy-for-insomnia/

Sturmey, P. S. (1996). Functional analysis in clinical psychology. England, John Willey & Sons.

Tourinho, E. Z., Teixeira, E. R., & Maciel, J. M. (2000). Fronteiras entre análise do comportamento e fisiologia: Skinner e a temática dos eventos privados. Psicologia: Reflexão e Crítica, 13(3), 425-434. https://dx.doi.org/10.1590/S0102-79722 000000300011

Tucci, V., Moukaddam, N., Meadows, J., Shah, S., Galwankar, S., & Kapur, G. (2017). The forgotten plague: Psychiatric manifestations of ebola, zika, and emerging infectious diseases. Journal of Global Infectious Diseases, 9 (4), 151. DOI: 10.4103/jgid.jgid_66_17.

Van Dijk, S., Jeffrey, J., Katz, M. R. (2013). A randomized, controlled, pilot study of dialectical behavior therapy skills in a psychoeducational group for individuals with bipolar disorder. Journal of Affective Disorders, 145, 386-393. DOI: 10.1016/j.jad.2012.05.054.

Vandenberghe, L., & Ferro, C. L. B. (2005). Functional Analytic Psychotherapy enhanced group therapy as therapeutic approach for chronic pain: Possibilities and perspectives. Psicologia: Teoria e Prática, 7, 137-151. Retrieved from http://psycnet.apa.org/record/2005-11292-010

Vandenberghe, L., & Basso, C. (2004). Informal construction of contingencies in family based intervention for oppositional defiant behavior. The Behavior Analyst Today, 5, 151-157. DOI: 10.1037/h0100027.

Vandenberghe, L., Ferro, C. B. L., & Cruz, A. C. (2003). FAP-enhanced group therapy for chronic pain. The Behavior Analyst Today, 4, 369-375. DOI: 10.1037/h0100127.

Vandenberghe, L., Nasser, D. O., & Silva, D. P. (2010). Couples therapy, female orgasmic disorder and the therapist-client relationship: Two case studies in functional analytic psychotherapy. Counseling Psychology Quarterly, 23, 45-53. DOI: 10.1080/09515071003665155.

Vandenberghe, L. (2017). Três faces da Psicoterapia Analítica Funcional: Uma ponte entre análise do comportamento e terceira onda. Revista Brasileira de Terapia Comportamental e Cognitiva, 19(3), 206-219. https://doi.org/10.31505/rbtcc.v19i3.1063

Vaughn, B. V., & D´Cruz, O. N. F. (2005). Cardinal manifestations of sleep disorders. In: M. H. Kryger, T. Roth, & W.C. Dement (Eds.). Principles and Practice of Sleep Medicine, (pp. 594-601). WB Saunders: Philadelphia.

Wang, Y., & Gorenstein, C. (2013). Psychometric properties of the Beck Depression Inventory-II: a comprehensive review. Brazilian Journal of Psychiatry, 35(4), 416-431. https://dx.doi.org/10.1590/1516-4446-2012-1048

Wang, C., Pan, R., Wan, X., Tan, Y., Xu, L., Ho, C. S., & Ho, R. C. (2020). Immediate psychological responses and associated factors during the initial stage of the 2019 coronavirus disease (COVID-19) epidemic among the general population in china. International Journal of Environmental Research and Public Health, 17 (5), 1729. DOI: 10.3390/ijerph17051729.

Watanabe, N., Furukawa, T. A., Shimodera, S., Morokuma, I., Katsuki, F., Fujita, H., et al. (2011). Brief behavioral therapy for refractory insomnia in residual depression: An assessor-blind, randomized controlled trial. Journal of Clinical Psychiatry, 72, 1651-1658. DOI: 10.4088/JCP.10m06130gry.

Weeks, C. E., Kanter, J. W., Bonow, J. T., Landes, S. J. & Bush, A. M. (2012). Translating the theoretical into the practical: A logical framework of functional analytic psychotherapy interactions for research, training and clinical purposes. Behavior Modification, 36, 87-119. DOI: 10.1177/0145445511422830.

Weiss, J. M., Glazer, H. I., & Pohorecky, L. A. (1976). Coping behavior and neurochemical changes: an alternative explanation for the original "learned helplessness" experiments. In G. Serban & A. Kling (Eds.), Animal Models in Human Psychobiology, (pp. 232-269). New York: Plenum.

Weiss, J. M., Stone, E. A., & Harwell, N. (1970). Coping behavior and brain norepinefrine level in rats. Journal of Comparative and Physiological Psychology, 72 (1), 153-160. DOI: 10.1037/h0029311.

Willner, P. (1984). The validity of animal models of depression. Psychopharmacology, 3, 1-16. DOI: 10.1007/bf00427414.

Willner, P. (1985). Depression: A psychobiological synthesis. New York: Wiley.

Wilson, D. S. & Hayes, S. C. (2018). Evolution and Contextual Behavioral Science. In: D. S. Wilson, & S. C. Hayes (Eds). Evolution and Contextual Behavioral Science (pp. 1-14). Contextual Press.

World Federation for Mental Health (2012). Depression: A global crisis. Retrieved February 25, 2019, from https://www.who.int/mental_health/management/depression/wfmh_paper_depression_wmhd_2012.pdf

World Health Organization (2017). Depression and other common mental disorders: Global heath estimates. Retrieved February 25, 2019, from https://apps.who.int/iris/bitstream/handle/10665/254610/WHO-MSD-MER-2017.2-eng.pdf?sequence=1

World Health Organization. Geneva: WHO; 2018 [capturado em 18 julho. 2018] Disponível em: http://www.who.int/mental_health/suicide-prevention/en/

Xiang, Y. T., Yang, Y., Li, W., Zhang, L., Zhang, Q., Cheung, T., & Ng, C. H. (2020). Timely mental health care for the 2019 novel coronavirus outbreak is urgently needed. The Lancet Psychiatry, 7 (3), 228-229. https://doi.org/10.1016/S2215-0366(20)30046-8.

Yatham, L. N., Kennedy, S. H., Parikh, S. V., Schaffer, A., Bond, D. J., Frey, B. N., ... Berk, M. (2018). Canadian Network for Mood and Anxiety Treatments (CANMAT) and International Society for Bipolar Disorders (ISBD) 2018 guidelines for the management of patients with bipolar disorder. Bipolar Disorders, 20 (2), 97-170. DOI: 10.1111/bdi.12609.

Zettle, R. D. (2005). ACT with affective disorders. In: Hayes S.C, & Strosahl K.D (Eds). A practical guide to Acceptance and Commitment Therapy, (pp. 77-102). New York: Springer-Verlag.

Zettle, R. D. (2011). ACT for depression: A clinician's guide to using Acceptance & Commitment Therapy in treating depression. New York: New Harbinger.

Índice remissivo